動物たちの収容所群島

井上太一

謝辞

畜産の現場で働いてきた人々の証言や証拠資料がなければ、本書の執筆は不可能だった。情報提供に協力してくれた全ての方に厚くお礼申し上げたい。

本書の執筆に先立ち、筆者のインタビューに応じてくれたPETAアジアのジェイソン・ベイカー氏、ならびにインタビューの段取りを整えてくれたマーセル氏にも感謝を伝えたい。

前作、前々作に続き、今回の仕事でも企業への問い合わせ等で全面的に筆者をサポートしてくれたPEACE代表・東さちこ氏に特別の謝意を表する。

本書の出版企画を快諾し、二人三脚の校正作業にあたってくださったあけび書房の岡林信一氏に深謝する。

最後に、かけがえのない日々をともに過ごし、何かと迷いの多い息子に進むべき道をはっきりと示してくれる母へ、完成した本書を真っ先に贈り届けたい。

動物たちの収容所群島　●目次

第3章　産まされ続ける雌鶏たち…131

終　章　進むべき道…186

序

2021年、アメリカに本拠を置く動物擁護団体「動物の倫理的扱いを求める人々の会」（PETA）が、衝撃的な告発を行なった。大手食品企業・日本ハムの直営農場で、習慣的な動物虐待が確認されたというのである。内部状況を収録した動画には、身動きもままならない金属の檻に閉じ込められた豚や、業務の一環で乱暴に放り投げられる子豚、殺処分用の薬液を注射されてもがき苦しむ子豚の姿などが映し出されていた。これに前後してPETAはさらに鶏卵大手のイセ食品とキユーピー、ファストフード大手の日本ケンタッキー・フライド・チキン（KFC）についても同様の暴露を行ない、各社の取引先農場で杜撰《ずさん》に扱われる鶏たちの様子を動画公開していた。内容は雌鶏たちが鶏舎の上階から投げ捨てられる様子や袋詰めにされて殺される様子、雛鳥《ひなどり》たちが蹴飛ばされる様子など、正視に耐えないものだった。

畜産場での動物虐待が話題になると、通常であれば激しい反発の声が湧き上がる——虐待が行なわれているなどというのは悪質なデマだ、農家は動物を大切に扱う、ことさらに悪い部分だけを強調するな、と。しかし今回は違った。日本ハムやキユーピーといった誰もが知る国内企業の実態が、動かぬ証拠によって明るみに出されたからである。日本のメディア会社はいずれも一連の事件に関し堅く口を閉ざしたが、ＰＥＴＡの動画はＳＮＳを介して広がり、インターネット上では動物たちの扱われ方に胸を痛めた人々の声が聞かれた。私たちは食用にされる動物たちが健《すこ》やかな環境に暮らし、農家の献身的な世話を受けていると思いがちだが、ＰＥＴＡの告発はその幻想を完全に打ち砕いた。動物たちは誰が見ても劣悪と思われる環境に置かれ、暴力を被っていた。しかもそれは例外的な悪質業者の仕業ではなく、大手食品会社とつながった農場の日常風景だった。そのことはまた、私たちがいかに食品生産の現実を知らずに生きているか、言い換えれば、この社会の食品システムがいかに不可視化されているかをも物語っていた。

ＰＥＴＡは１９８０年、アメリカの活動家イングリッド・ニューカークとアレックス・パチェコによって創設された。今日では世界最大の動物擁護団体へと成長し、各国の支部を通して動物利用からの脱却を唱える啓蒙活動を展開している。発足当初からＰＥＴＡが活動の一環として力を入れてきたのが、動物産業の内情暴露である。内部告発や潜入調査にもとづき、産業施設に囚われた動物たちの境遇を明るみに出す活動は、問題の企業や組織に改善を要求するうえでも、動物利用に批判的な世論を形成するうえでも大きな役割を担ってきた。有名な事例としては１９８５年に行なわれたカリフォルニア大学の動物実験暴露などもあるが、畜産施設や屠殺場の実態暴露も古くから続けられ、肉食習慣に対する社会の問題意識を高めることに成功している。アメリカではこれを脅威と捉える畜産業界が、動物利用施設の内情を写真や動画に記録すること、さらにそのような記録を保持・所有することを違法化しようとさえ努めてきた。他方、日本に関係するキャンペーンとしては、ＰＥＴＡのアジア支部にあたるＰＥＴＡアジアにより、毛皮やワニ皮、駝鳥《だちょう》（オーストリッチ）

の羽製品など、主として服飾品の問題に焦点を当てた啓蒙活動が行なわれてきたが、食品産業の問題に本格的に切り込んだのは今回が初めてだった。

　筆者はこのたびの事件についてＰＥＴＡにインタビューを申し込んだ。かつて筆者はＰＥＴＡの活動に協力したこと、ならびにＰＥＴＡの資料を借用したことが幾度かあり、スタッフの雰囲気なども分かっていた。今は大組織のＰＥＴＡであるが、もともとは非営利の市民団体であり、外部者とのコミュニケーションを担うスタッフもみな一般市民の活動家からなるため、動物擁護の志を同じくする者として、すぐに打ち解けることができる。おかげで今回の手続きも滞りなく進んだ。

　インタビューに答えてくれたのはＰＥＴＡアジアの国際キャンペーン上席副会長、ジェイソン・ベイカー氏だった。その説明によると、日本企業を対象とする２０２１年の連続暴露は、畜産施設の元職員から寄せられた一連の内部告発動画にもとづくものだったという。「工場式畜産場の記録を入手し続けて何十年にもなりますから、そうした施設で動物たちに対する軽視や虐待があることは予想できていました」とベイカー氏は語る。「しかしそれにしても、ビニール袋に鶏たちが詰め込まれて窒息死させられたり、卵用鶏が腐りゆく仲間の死体とともに生活することを強いられたり、労働者が子豚を地面に叩きつける、あるいは消毒液を注射するなどして死ぬに任せたりする様子は衝撃でした[*1]」。

　通常、こうした暴露を行なう際は内部告発者の個人情報を絶対に口外しないことが原則とされる。ＰＥＴＡも告発者の特定に至ることは言わなかった。

　しかし、幸いにも筆者は動物擁護の活動に関わる中でそれなりの人脈と信頼関係を築いてきたため、ＰＥＴＡアジアとは別ルートで、ＰＥＴＡが公開した動画のもととなる膨大な映像データを入手する機会に恵まれた。また、今回の事件で焦点となった畜産場の元職員に聞き取りを行ない、現場の状況について詳しく話を伺うこともできた。本書はそれらの情報をもとに、ＰＥＴＡの告発で問題となった畜産場の実態を振り返り、これを一つの事例研究としつつ、日本の食品産業のなかで利用される動物たちの現実に迫る試みである。

記録されてこなかった動物たちの生

食品産業に組み込まれた動物たちの生を、その動物たちに寄り添う視点から詳しく書き記した文献はほとんどない。世の中にはさまざまな人々やその営みをつづったノンフィクション小説、エッセイ、ルポルタージュ、エスノグラフィーが溢れているが、動物のそれ、まして畜産利用される動物のそれは、いまだいかなる作家・研究者・記者によっても書かれていない。人間が書き、伝え、残す記録は、人間の経験を追ったものと決まっている。動物たちの存在が人間生活に深く関わっていることを鑑《かんが》みれば、これは大きな欠落といわざるを得ないが、思い当たる理由がないわけでもない。おそらく動物たちは、記録されるに値するだけの経験を持たない存在とみなされてきたからである。かれらはただ人間に利用されるためだけに生まれ、死んでいく。そこに人の興味を引くほどの何があるだろうか。

あるいは、それ以前かもしれない。研究や執筆に携わる者も含め、この社会に暮らす大半の人々は、日々自分が食べるものの背景に生きた動物たちがいることを平生ほとんど意識すらしない。「家畜」と呼ばれる生きもののことを思い出すのは、せいぜいのところ、畜産農場で感染症が広がって大々的な殺処分が行なわれたというニュースが流れたとき、または菜食者と出会って食の話をしたときなどにかぎられる。牛乳パックには今でも牛の姿が描かれ、肉料理店の看板には動物のシルエットなどが描かれているが、それらは至極観念的な表象として素通りされる。いかに優れた物書きがいようと、意識が向かないものについては何も書けるはずがない。食用とされる動物たちはその意味で、いわば「透明」な存在である。

さらに、よしんば食用とされる動物たちのことが意識にのぼったとしても、その境遇は私たちが積極的に知りたいと思うものではない。私たちは幸せに暮らす「家畜」たちの物語を信じている——あるいは信じようとしている。農家はかれらを家族のように愛し、出荷のときを迎えるまで大切に面倒を見る。動物たちは自然界の脅威から守られ、健やかに育って子孫を残し、あの世へ旅立っていく。死んだ体はすべて無駄なく活用され、人間の血肉になる。命の循環。命のバトン。大衆メディアが伝える物語はおおよそこのようなものであり、それを私たちは表向きの真実として吸収する。にもかかわらず、私たちはそれが本当ではないこと、少なくとも畜産利用される動物たちが生きている現実の全てではないことを、薄々であれ察している。しかし主流の言説が語らない動物たちの実状は、おそらくそう美しく快いものではないと直感しているので——それも確信に近いほど強く直感しているので——、私たちはその現実に近づくまいとする。著述活動をなりわいとする者も、大抵は畜産物を享受する身である以上、みずからの食卓に並ぶものの後ろめたい背景にあえて自分のほうから近づこうとしないのも無理はない。それは書くことはおろか、知ることすら憚《はばか》られる題材なのだから。

書かれてきたものとその欠落

畜産利用される動物のルポというと、内澤旬子の著作群を思い浮かべる人々がいるかもしれない。話題作だったとされる『世界屠畜紀行』は、表題の通り世界の屠殺場を見学する内容で、動物の境遇についてはほとんど触れていないが、その続編『飼い喰い』は豚の生涯を追ったものであり、肉食をめぐる今日の議論でも参照されることがある。が、同作は著者が仮宿の庭先で3匹の豚を飼って屠殺場に送るまでの記録をつづった奮闘記とでもいうべきもので、畜産の現状に関する情報もわずかに含んではいるが、畜産施設で生きる動物たちの境遇を知るうえではほとんど役に立たない。名前を付け、愛情をこめて育てた動物を食べるといった、かつてはあったかもしれないがとうにこの国では廃れた営みを再現し、そのような文化の中で育ったわけでもない人物が素人感覚で思ったことや感じたことを書きつづるという試みが、はたして何の意義を持つのかも定かではない。「かわいそう」の境を壊したいという言葉に象徴されるように、著者がこの実験を始めた動機は単なる好奇心であり、豚はその好奇心を満たす素材にすぎない。著者は面白半分にみずからの排泄物を豚に与え、気性の荒い豚と「殴り合い」をして癒され、最後はその豚たちの肉を食べて月並みな一体感を覚える。屠殺作業のミスで即死できずに苦しむ豚を眺めながら、著者は「気の毒だが、運が悪かったと思ってくれ」と冗談まじりの感想を漏らす。[*1]「動物の生と死と、自分の生存とが……有機的に共存することに、私はある種の豊かさを感じるのだ」と著者は語るが、[*2]その生と死は、本書の中であまりに軽く扱われている。どんな他者の経験をも無邪気に素材化して面白おかしく消費するのがこの著者の一貫したスタンスであり、そうした露悪趣味の読み物を欲する層からすると『飼い喰い』はまたとない作品であろうが、動物についての真摯な理解や思考を深める効用はない。

屠殺産業に光を当てた海外の作品にはもう少し真面目なものがある。アプトン・シンクレアの『ジャングル』、テッド・ジェノウェイズの『チェーン』〔邦題『屠殺』〕、ティモシー・パチラットの『12秒ごとに』〔邦題『暴力のエスノグラフィー』〕は、それぞれ作家、ジャーナリスト、人類学者の立場から、アメリカの屠殺場にみられる構造的問題を明らかにした労作である。貧しい移民労働者を低賃金で搾取する産業構造、労働者を危険にさらす職場環境、巧妙な分業と空間分割によって動物殺しの過程を見えなくする権力の作用など、3作はいずれも克明な記録にもとづき現代屠殺産業の闇を照らし出している。動物利用の実態を知るというときに、これらの諸問題を無視してはならない。しかしながら、右の3作は人間労働者の置かれた状況やそこに働く権力を分析の主眼とするもので、殺される動物たちは労働者の「環境」を構成する要素として背景化されているきらいがある。さらにより根本的な問題として、ジェノウェイズの著書を除く2作は、あくまで屠殺場の内情のみに焦点を絞っているため、そこへ至るまでの動物たちの生涯を結果として消し去ってしまっている。動物の境遇に焦点を当てるとすれば、おのずと違う物語が必要になる。

畜産業を問題視する本というだけであれば、いくつかのものが見つかる。特に食品安全をめぐる議論では、私たちの食べものがどのようにつくられているかを確かめる意図から、畜産利用される動物たちの扱われ方にしばしば光が当てられる。大規模な集約畜産や、それを支える抗生物質の大量使用は繰り返し批判されてきた。あるいは食料生産の環境負荷を考える視点から、同じく大規模畜産のあり方が問われることもある。畜産業それ自体が温室効果ガスの排出をはじめとする極度の環境負荷をともなうのに加え、動物たちに与える遺伝子組み換え作物の生産も周辺住民と環境に多大な悪影響をおよぼす。これらのテーマを扱った書籍は食用部門の動物利用が抱える多面的な問題を知るうえで有益な情報を含む。が、動物たちの境遇を窺い知るにはやはり物足りない。これらの本で焦点となるのはあくまで人間の安全なり地球の将来なりであって、動物の扱いはそれに関係する範囲でしか問題にされないからである。したがって動物利用の実態は、人間にとっての憂慮事項を確認するという観点から、ごく断片的に記述されるにとどまる。そしてこのあからさまな人間目線のもと、これらの文献は食用とされる動物たちの運命を軽んじ、往々にして著者の判断で優良とされる畜産農家を応援する結論へと向かう。マイケル・ポーランの有名作『雑食動物のジレンマ』や、『食べるな、危険!』ほか日本子孫基金の諸著作などがその代表例となる。これらもまた、人間に焦点を当てた議論の枠を超え出るものではない。

ここ数年で増えてきた動物倫理・動物研究・人間動物関係学の文献は、観察態度や支配思想としての人間中心主義を乗り越え、動物たちが人間社会との関わりにおいてどのような境遇にあるか、そこにどのような問題があるかを考えることに主眼を置く。畜産利用される動物たちに寄り添った視点からその生と経験を記録する試みは、この脱人間中心主義をめざすアプローチにもとづいてこそ達成されうるものだろう。しかしながら、その試みはいまだ不充分な形でしか成し遂げられていない。これまでに刊行されてきた関連書籍は倫理原則や高踏理論の展開に重きを置き、動物たちの実状については簡単な説明で済ませるものがほとんどを占める。したがってその議論は机上の思考実験や無駄に高尚な学術探究を促す一方、現実の動物たちに関わる思考と行動から人々を遠のけてきた感がある。拙著『動物倫理の最前線』ではその問題を踏まえ、理論を解説する際にも現実を置き去りにしないことを意識したが、動物たちの境遇については同書でも概説的なことしか述べていない。現代畜産の実態を告発した先駆的な作品としては、ルース・ハリソンの『アニマル・マシーン』があるが、いかんせん出版が１９６４年と古く、今日に通じる批判も多々あるとはいえ、情報の更新が必要であることは否めない。

人間動物関係学や文化人類学から派生した分野として、多様な生物種の絡まりに光を当てるマルチスピーシーズ研究と呼ばれる分野もある。が、人間中心主義を乗り越えるという宣言とは裏腹に、同分野は研究者自身の観点に含まれる人間中心的なバイアスに無自覚であり、人間と動物の関わりにみられる明るい側面のみをことさらに強調する一方、その暗部については議論を抽象化ないし複雑化して擁護する傾向がある。アレックス・ブランシェットの『ポーコポリス』（未邦訳）はこの分野が生んだ力作であり、食肉産業に取り込まれた豚の生涯を克明に記録・分析している点で唯一無二の研究成果に違いない。しかしながら、豚の生態に合わせて設計された養豚場の生産システム——例えば豚の病気感染を防ぐために労働者の行動を制御する安全規則など——を、人間中心主義ではなく「豚中心主義」であると解釈する著者の議論は、権力関係の中で意思決定の自由を奪われ、絶対的な被抑圧者とされる豚の立ち位置を相対化する点で、ひどく欺瞞めいた言説となっている。マルチスピーシーズ研究が真の意味で人間中心主義を乗り越えるには、関係し合う存在者たちの非対称性をより明確に捉えて批判の俎上に載せることが求められているように思えてならない。そのためには研究者自身が動物利用の恩恵に浴する者としてのバイアスを自覚し、その克服に努める必要がある。

動物たちの現実に即して

このように、食用とされる動物たちの経験は言説空間の中で抹消・歪曲・矮小化されてきた。動物に関わる人間の物語は無数に書かれてきたが、動物たち自身の物語はいまだ適切な形で書かれていない。無論、人間は人間の観点を通してしか他の動物のことを知りえないが、観察可能な事実の一つひとつを入念に確かめ、動物たちが生きる主観的経験のおおよそを推し量る努力はできる。本書はそのような非当事者／人間の記述にともなう限界を認めながらも、人間中心的な諸言説の中で後景に追いやられてきた動物たちの生の現実に対峙することをめざす。近年、動物利用や肉食の是非をめぐる議論が盛んになっているが、動物たちの置かれた現実を真摯に見据える努力なくして実のある洞察が生まれることは期待できない。動物利用の中で最も規模が大きく、最も私たちと深く関わっている部門が畜産業である。畜産利用される動物たちがどのような世界に生きているかを知ることは、動物たちをめぐるあらゆる思考に先立つべき原点でなくてはならない。

本書の内容は畜産場の元職員による記録と証言にもとづいているが、こうした試みはおのずと一定の限界を抱える。第一に、現場の職員は仕事に関わる全ての物事について知り尽くしているわけではなく、勤務期間もまちまちであるため、その情報提供からは窺い知れない部分も多々あることは否めない。そうした欠落は畜産関連の資料に当たるなどして補うことに努めたものの、なお埋められない部分はあった。第二に、現場の記録は業界の全貌を網羅するものではない。本書ではPETAの告発事件で取り上げられた養豚業・肉用養鶏業・採卵業の実態に迫るが、動物利用の形態は多岐を極め、食用部門にかぎってもこのほかに養牛業や酪農業、養殖業など、多数の産業形態がある。それらの産業に取り込まれた動物たちの物語も、いずれ書かれなければならないものだろう。ここに拾い上げた3つの物語は、私たちの生活に関わる代表的な畜産部門の現状を知るための事例研究となるが、その背景には取りこぼされた膨大な他の物語がある。

動物たちが置かれた状況を多角的に見つめるための手立てとして、本書では現場の記録に理論的分析を組み合わせる記述形式を用いた。前節で指摘したように、理論の偏重は現実の状況を置き去りにする危険性をともなうが、重要なのは理論を捨て去ることではなく、現実に即してそれを用いることである。理論は本来、現実をよりよく理解し、現実に対する批判的思考を育てるために必要とされる。フェミニズムは特にそのことを強く意識しつつ発展を遂げてきた運動といえるだろう。流派による違いはあれど、フェミニズムはこの現実世界を生きる女性たちの経験を掬《すく》い上げ、その背景にある抑圧構造を理論的視点から抽出することで闘争を形づくってきた。女性経験を規定するところの、規範化され不可視化された抑圧構造を批判するには、そもそもの当事者経験——彼女らは何を経験してきたのか——に向き合うプロセスと、そこにある摑みがたい理不尽——何が彼女らを苦しめてきたのか——を明らかにする理論的洞察が求められる。本書は同じ見地のもと、動物たちの現状をただ平板に記述するだけでなく、動物研究や他の社会科学が生んだ理論を用いてその現状を批判的に分析する。

食用の資源として扱われる動物たちの境遇を、かれらに寄り添った視点から描き出せば、無論、明るい物語にはならない。むしろそれは苦痛に満ちた生涯の記録となる。一連の観察から、筆者は今日の畜産形態を《収容所群島》のモデルで捉えることが妥当であると考える。これは人々の憤慨を引き起こす見方であるかもしれないが、事実、以下で明らかにするように、食用とされる動物たちが置かれた生産現場は「収容所」という言葉で私たちがイメージするおもな特徴を備えている。被収容者の拘束に支えられた抑圧的な管理体制は、なかんずくその操業における中核をなす。本書の分析では、その背景に資本主義・生権力・父権制の論理が働いていることも明らかにしていきたい。動物たちは生産者からみた各々の役割にしたがって各地の収容所に囚われ、目的別に分化・分散したその収容所ネットワークは、さながら動物産業という名の群島をなしている。

動物利用、とりわけ畜産業に批判的な目を向ける議論に対しては、情報の疑わしさや記述の偏りを指摘する声が寄せられる。動物擁護に取り組む市民団体は、動物産業の問題を世に問うたびに、業界の関係者はもとより、一般消費者からも激しいバッシングを受けてきた。畜産業は動物性食品を大量消費する現代人の食生活に直結しているため、その批判は消費者の責任をも問うことになる。ゆえに肉食の恩恵を手放したくない人々が、動物擁護の問題提起に疑念や反感を抱くのは、心理としては分かりやすい。畜産批判に対しては、業者を悪者に仕立てている、残酷に見える部分だけを恣意的に切り取っているなど、書き手のバイアスを指摘してその信頼性を否定することが繰り返されてきた。本書にも同様の指摘が寄せられることは想像に難くない。

本書に「偏り」があるかないかと言われれば、筆者はためらいなく「ある」と答えたい。なぜなら偏りはいかなる著作物にも存在するからである。違いはただ、著作物の内容によって読者がその偏りを意識するかしないか、という点にしかない。私たちは何事に対してであれ、一定の立場を持っている。食に関しては完全な肉食から完全な菜食までのグラデーションがあり、各人はそのどこかに位置している。動物に関しては、動物虐待を愉しむ者からあらゆる生命の幸福を願う者まで、種々様々な立場がある。著作物はそうした人々の立場によって偏りの有無や程度を評価される。畜産物消費者としての利益を守りたい人々からすると、畜産業の暗部に光を当てる言説は往々にして素直に認めたくないものであるため、単なる事実の記述であっても偏っていると感じるだろう。一方、その人々は畜産業を肯定的に語る言説の偏りを十全には見抜けない。すなわち、現状肯定的な言説に含まれる偏りは、世の多数派に属する人々にとって不可視化されている。が、多数派に属さない人々からみると、後者の言説もやはり、現状の不都合な部分を覆い隠すなどの点で大いに偏っているのである。

本書は全ての立場からみて完全に「中立的」な記述が存在するという幻想を排したうえで、いたずらに誘導的あるいは煽情的な書き方をすることは控えた。動物たちの現実を冷静に受け止めてもらうためには、余計な演出を加えず、事実の記述に徹するのがよいと判断してのことである。また、動物たちの経験を非当事者である人間の立場から書きつづることを考えても、書き手の思い入れによって演出を加えるのは危うい所作に違いない。もっとも、動物たちの境遇をありのままに記せば、その壮絶さによって筆者の意図に関係なく、多少なりともセンセーショナルな印象が生じることはありうるだろう。いずれにせよ、書かれていることを最終的にどう受け取るかは読者の判断にゆだねられている。

畜産批判にしばしば寄せられる「デマ」のそしりをしりぞけるため、本書では問題となる企業の名を明示する方針をとった。いずれにせよＰＥＴＡの告発では企業名が公表されているので、本書でそれを隠す意味はない。ただし、親企業の名を明かす一方、生産を担う具体的な農場や労働者の名は伏せてある。動物たちの扱われ方に問題があるとしても、非難の矛先が農場の労働者に向かうことは望ましくないからである。末端の労働者を非難することは、畜産物の消費者にとって最も好都合な問題解決策に違いなく、ゆえにこれまでにも屠殺場労働者を標的とする同様の迫害が行なわれてきた。動物の飼養や屠殺を担う労働者をスケープゴートにしておけば、消費者は生産に関与する自身の責任をうやむやにして快適に肉食を続けることができる。そのような欺瞞を促すことは本書の企図するところではない。畜産業の現状が問題であるとするなら、糾弾の声は元締めの企業や政府に向かわなければならない。そして同じく重要なことは、畜産業の問題に関し私たち消費者が大きな責任を負っているという事実である。現在の畜産システムは、生産者たる大企業と無数の消費者の共犯によって形づくられ、支えられている。

以下ではまず、PETAの告発によって大きな注目を浴びた日本ハムの直営農場に光を当てたい。豚の母子を収容する分娩舎の物語をもとに、この第1章では現代の典型的な畜産システムである工場式畜産の実態と向き合い、その基盤をなす資本と科学技術の役回りを確かめる。第2章ではKFCの農場を舞台に、世界で最も殺されている動物、肉用鶏の物語を追う。極度の急成長と高密度の飼育環境に苦しむ雛鳥たちの境遇からは、動物たちの生に絶えず介入する生権力の働きを見て取ることができる。第3章では初めにキユーピーの契約農場に目を向け、卵のために利用される雌鶏たちの経験に迫る。動物産業は性と生殖を統制する父権制の原理に支えられているが、そのとりわけ明瞭な形態は採卵業のうちに表れている。本章ではさらに動物福祉の認証を受けたイセ食品の農場にも迫り、動物にやさしい畜産といわれるものが実質をともなっていないことも明らかにする。これらの物語を踏まえ、終章では私たちが進むべき道について、筆者なりの考えをまとめたい。

ことによると、本書を読み通すことは一部の読者にとって試練となるかもしれない。人間のために立派に育って旅立つ満足気な「家畜」の童話を語るつもりはない。「命をいただく」といった表現のもとに美化される月並みな食物連鎖の説話を繰り返すつもりもない。力の非対称性を覆い隠す協働や相互依存の神話をつむぐつもりもない。以下に書きつづるのは人間好みのレトリックを取り去った動物たちの実話、恐怖と苦痛と死に彩られた動物たちの実話である。しかし、これを読むことが読者にとって苦しい体験であるなら、動物たちにはまだ希望が残されている。その苦しみは人々にかれらの身を憐れむ共感と良心が備わっていればこその感覚なのだから。救いなき物語に救いをもたらすものは、それをおいてほかにない。

注

＊1　内澤旬子『飼い喰い——三匹の豚とわたし』角川文庫、2021年、256頁。

＊2　前掲書、171—172頁。

第1章　囚われの母豚、投げられる子豚

プロローグ

X農場は日本ハムの養豚部門に属する巨大施設で、敷地面積は東京ドーム6個分を超える約30万平方メートルにおよび、常時、母豚4000頭を含む5万頭の豚を飼育する。が、桁外れな規模を誇るにもかかわらず、この施設を知る者は少ない。都会から隔絶された田舎町の、古民家が散らばる一帯を過ぎ、田畑と林ばかりの風景が続く山道をひたすら車で進んでいくと、不意に横道が現れ、農場の標識が見えてくる。しかし風景に溶け込んだその目印を通り過ぎれば、生い茂る木々の向こうに巨大養豚場があることを思わせるものは何もない。畜産の現場が私たちの視界から、ひいては意識から遠のけられていることを示す徴候は、こんなところにも表れている。ただ養豚場の関係者のみが標識のところでハンドルを切り、木立に覆われた専用道へと入っていく。関係者を乗せ

た車はやがて大きな駐車場に至り、かのX農場にたどり着く。

工場式畜産

簡単な面接を経て採用が決まったJは、分娩舎に配属された。X農場は豚のライフステージに合わせて豚舎が分かれている。肉用とされる豚は分娩舎で生まれ、離乳を経て育成舎に移り、生後3~4か月で肥育舎に移り、生まれておよそ6~7か月で屠殺場へ送られる。繁殖用の豚は発情を迎える生後8~9か月で子を身ごもらされ、妊娠舎で3か月ほどの妊娠期間を過ごしたのち、分娩舎に移って子を産み落とす。子の離乳後は再び人工授精を施され、妊娠と出産のサイクルを計7~8回ほど繰り返した末に屠殺場へ送られる。X農場には育成前期舎、育成後期舎、肥育舎、妊娠舎、分娩舎のほか、数は少ないが交配舎や人工授精舎、および豚を病気に感染させて免疫を付けさせる馴致舎もあった。

スタッフの仕事は豚舎の種別にしたがって完全に分けられている。各人は毎朝、事務所前に設けられた浴室で、衛生管理のためにシャワーを浴び、作業着に着替えてヘルメットと長靴を装着する。朝礼を済ませたのちは、おのおの自転車に乗り、倉庫のような豚舎と聳《そび》えるサイロを横目に担当の豚舎まで向かう。道を挟む豚舎の脇には、雑然と様々な機材やら、バケツやら、カートやらが置かれている。広い道を自転車で移動していると、この農場自体が一つの集落のようにも思えてくる。分娩舎へ向かう途中、妊娠舎の前を通りがかると、時おり豚たちのけたたましい声が聞こえてくる。妊娠中の母豚は給餌制限をされているので、餌の時間には激しい鳴き声を上げるのだった。
豚舎は幅約7メートル、長さ約70〜80メートルの長方形で、両端や中央に出入り口がある。そばの駐輪場に自転車を止め、入口の扉を開けると、いくつかの電気系統が壁づけされた小さな通路につながる。ここからさらに内扉を開けたところに、豚たちを囲った空間がある。分娩舎は一棟につき、およそ70〜80頭の母豚を収容する。

Jは初めて分娩舎を見たときのことを覚えている。先輩となるスタッフに連れられて入ったのは、石灰色の壁に囲まれた静かな空間だった。中は完全な密室で、自然光が入る隙間はない。天井には等間隔に蛍光灯がともり、何本もの電気ケーブルがぶら下がっている。その下には白い金具の檻が縦2列に並んでいた。そこから母豚たちの背が覗いている。が、すぐにはそれが豚の背中と分からなかった。生きものの色には見えなかったからである。手前の檻に近づいて見てみると、あろうことか、母豚たちは顔から足先まで、全身が紫に染まっていた。ふと視線をずらすと、豚を収める檻のフレームにも紫の飛沫が散っている。あとで聞いたところによると、母豚たちは妊娠舎から分娩舎に移動してきて早々、消毒と防虫を兼ねた薬剤で全身を着色されるとのことだった。のちにJもこの作業を教わることになる。

2列の豚たちは尻が向かい合う形に並べられていた。スタッフの人間は、長く伸びた部屋の中央と両脇、すなわち尻に挟まれた通路と、頭が並ぶ壁沿いの通路で作業をすることになる。豚たちの頭上には円筒型の自動給餌器が列をなし、定時に母豚正面の餌箱へと飼料を落とす仕組みになっている。母豚は1頭ずつ檻に入れられ、その脇に赤い光を放つ小さなバスタブほどの空間がある。こ

写真 1-1　分娩舎　通路両脇に並ぶのが母豚を収容した檻

れは子豚たちの体を温める保温箱で、赤い光の正体はヒーターだった。母豚の尻側にあたる檻の鉄柵には、個体データを記したプレートが掛かり、走り書きでさまざまな数字や日付が書き込まれている。豚のアイデンティティを示すナンバー、誕生日、導入日、移動日、発情確認日、次回発情予定日、分娩予定日、分娩日、体重、治療歴、ワクチン接種日、「生産」頭数、エトセトラ。

Ｊの感覚では、多数の動物を詰め込んでいるわりに、においはさほど気にならなかった。部屋の隅では２、３台の大型ファンが回転し、換気を行なっている。豚舎の床は金属製のきめ細かなスノコになっていて、豚たちの排泄物は下に落ちていく。地下空間（ピット）に溜まった糞尿は、土ならしに使うトンボのような形をしたスクレーパーという機械で押し出され、コンベヤーに乗って糞尿処理施設へと運ばれる。機械と金属に囲まれたその環境は、動物の飼育施設というより、何かの工場のようだった。

畜産というと、大空のもとに広がる農場で動物たちがのびのびと暮らす風景を思い浮かべるかもしれない。牛たちは方々で草をはみ、鶏たちは群れになって地面をつつき回り、豚たちは泥浴びや子育てに余念がない――。そのような風景はしかし、幻想である。20世紀初頭の欧米圏で農業の工業化が進んで以降、食用とされる動物たちは工場型の畜舎で飼われるのが一般的となった。

元来、動物たちを人の消費用に囲い育てる畜産の営みは、広大な土地を使う事業だった。旧約聖書にはすでに、アブラハムの牧夫とその甥ロトの牧夫が、牛や羊の放牧地をめぐって争う様子が描かれている。[*1] これが何らかの史実にもとづくかはさておき、畜産に伴う土地紛争の問題は、少なくとも聖書が書かれた時代から認識されていた。社会学者のデビッド・ナイバートは、その著『動物の抑圧、人間の暴力』（邦題『動物・人間・暴虐史』）において人類の歴史を仔細に振り返り、土地と資源を費やす畜産業の拡大は世界各地の大規模な侵略事業を生んできたと結論する。モンゴル帝国の世界征服は、牧草地の確保を大きな動機として始まり、かつその牧草地で育てる馬の利用によって推進力を得た。アフリカの牧畜民らは西欧諸国の入植前から土地と水源をめぐって略奪と紛争を繰り返し、中東出身の遊牧民が大陸へ侵攻するとその衝突はいよいよ苛烈さを増した。スペインやポルトガルのアメリカ大陸支配、イギリスのアイルランド侵略やオセアニア侵略は、輸出産業としての牧場経営をともない、現地の先住民文化と生態系を大いに損なった。そして北米に渡ったヨーロッパ人は、西部劇が雄弁に描く通り、牧場開拓を狙った土地の奪い合いに明け暮れ、アメリカ先住民と野生動物たちを駆逐した。私たちが思い描く牧歌的な農場風景は、もともとその土地に暮らしていた膨大な生命を絶やしたのちに築かれたものである。[*2]

19世紀末から20世紀初頭にかけ、アメリカでは過放牧よって土地が荒廃し、旱魃《かんばつ》や砂嵐に悩まされる農家が次々と廃業していった。農民が都市へ移り住んで賃労働者になりゆく中、農業は大企業の手にわたり、機械化と自動化の技術を後ろ盾とする効率重視の量産体制へと変容した。いわゆる農業の工業化である。雑多な作物が植わる畑は、人工肥料と農薬と大型農業機械の投入に支えられる単一栽培農場に取って代わられた。かたや動物たちは、気候に左右されず年中飼育が可能な畜舎に閉じ込められた。初めは1920年代、鶏の集団監禁飼育が試験的に実施され、やがてこれが世界へと広がる。それから2つの大戦があり、アメリカ政府は世界市場の開拓を睨《にら》みつつ、農業増産につながる科学研究を奨励した。イギリスでは食料自給率の向上を課題に、同じく農業増産へ向けた補助金制度が敷かれ、集約農業が促された。こうした背景のもと、1950年代から60年代に牛と豚の監禁飼育も広がっていく。集約型の畜産場では、動物たちが「余計」な運動でエネルギーを消耗することがなくなるので成長効率や肥育効率が上がり、世話の多くも機械任せにでき、施設や動物を管理するスタッフも少人数で済む。おかげで過去には考えられなかった数の動物たちを一施設で飼養することが可能となり、量産によって単位当たりのコストを下げる「規模の経済」が実現した。一方、大量の動物たちを密室に収容すれば、もちろん病気の発生リスクが上がる。が、それは工業型農業のならい通り、科学技術の力で解決が図られた。ワクチンと抗生物質の発見を真っ先に歓迎したのは、動物の監禁飼育を始めた畜産業界である。こうしてできあがった工場式の量産モデルにもとづく畜産を、工場式畜産という。

大企業は薄利多売のシステムを確立することで畜産物の価格を押し下げ、競争に敗れた小規模農家たちは土地を売却した末に姿を消していった。なおも生き残った農家らは大企業の傘下に入り、親企業の指示にしたがって工場式畜産の技術を農場に取り入れていった。かくして今日の世界では、食用とされる動物たちの推定9割が工場式畜産場に収容される次第となった。

日本では長らく不殺生と肉食忌避の習慣が続いていたが、幕末頃から肉食肯定論者が現れ、明治維新後には牛鍋屋が栄えて軍人や官人やエリート文人らに好まれた。1872年には明治天皇が宮中で牛肉を食べたことが報じられ、これを範に国民の動物消費が促される一方、肉食忌避は仏教の不合理な悪習と断罪された。同じ年に僧侶の肉食も認められ、翌年には尼僧の肉食も認められたことで、不殺生と肉食忌避の伝統は完全に崩れ去った。今日、日本の僧侶が平気で動物性食品を食べているさまは奇異に映るが、その歴史的背景はここにさかのぼる。[*3]

20世紀に入ると、輸入飼料に依存した畜産が発展し、大戦中に壊滅的打撃を受けるも、1950年代には立て直す。これに前後して動物の飼養・繁殖・改良技術も導入され、家畜改良増殖法から農業基本法に至る政府の畜産振興策も相まって、大手事業者が優位に立つ畜産体制が整えられていく。動物を飼養する農家の戸数は、1960年代にピークを迎え、以後、減少の一途を辿るが、飼養される動物の数はそれに反比例して増加の一途を辿る。養豚を例にとれば、1960年には80万軒近くの農家が200万頭近くの豚を飼っていた。翌々年には飼養戸数が最大の100万軒超に達し、飼養頭数も400万頭超へと激増する。ところがそれから畜産農家の数は減少へと転じ、1970年には40万軒余りの農家が600万頭余りの動物を飼養する構図となった。多数の事業者が少数の動物を囲う経営から、少数の事業者が多数の動物を囲う経営へ――つまり工場式畜産が日本の主流となったことが、この推移からはっきりと見て取れる。今日、豚の飼養戸数は約3600軒、対して飼養頭数は約900万頭を数える。[*4]

日本ハムは1942年に食肉加工場として生まれ、68年に養鶏部門へ、77年に養豚部門へと進出した。X農場を管轄するのはこの養豚部門の日本ハム子会社、インターファーム（現・日本クリーンファーム）であり、同社は現在、国内最大規模の養豚事業者として、年間約63万頭の豚を出荷する。養鶏・養豚部門を創設した時期に、日本ハムは精力的な事業拡大を進め、動物飼養から食肉の処理と加工、流通、販売までを自社で行なう体制を確立した。このシステムを垂直統合といい、国内外の食肉大手はこれによって畜産業への絶大な影響力を持つに至った。日本ハムはさらに加工食品・水産物・乳製品・調味料事業へと裾野を広げ、1984年には日本ハム中央研究所を創設して食品開発や畜産関連の技術開発を始めた。1980年代以降は海外での牧場買収や施設開発も行ない、同社はいまや食品業界で不動の地位を築いている。[*5]

檻の生活

分娩舎の中は工場らしく整然とした眺めであったが、Jは個々の囲いに収容された豚たちを観察しているうちに、何ともいえない違和感を覚えた。囲いの中には子豚たちが集まる保温箱と、母豚を収める檻がある。保温箱は簡素な金属板の囲いで、天井が開き、母豚のほうに向かってカーテンの付いた子豚用の出入口がある。母豚を収容する檻は、正面に固定された餌箱が備わり、後方が尻止めと呼ばれる柵状の金具、両側が手摺り状の金属フレームに固められ、上部にはハシゴ状の金具が渡されている。母豚の体側を固めるフレームの下方には数本の仕切りがついた横棒が通され、その隙間から子豚たちが母豚のそばを行き来したり、横に寝そべる母豚の乳を吸ったりする。母豚たちは人間が近づくと警戒して起き上がることもあったが、檻に敷き藁《わら》のようなものはなく、床は一面、金属のスノコになっているので、起きようとする彼女らはしばしば足を滑らせた。なんとか起き上がると、母豚の体は前後上下左右ともすっぽりと金属フレームに収まった形となり、動ける隙間はほとんどなくなる。立つか伏せるか座るか、あるいは1、2歩、前に進むか後ろに下がるか、できる運動はそれだけで、歩き回ることはおろか、後ろを振り返ることすら、この檻の中では許されないのだった。動くたびに母豚たちの体はフレームをかすめ、よく当たると思しき箇所には痛々しい負傷や脱毛がみられた。

母豚たちの仕草には異常がみられた。ある豚は口の中が空であるにもかかわらず、咀嚼《そしゃく》の動作を続けている。ある豚は金属枠の下から顔を伸ばし、子豚の保温箱にぶら下がるカーテンを噛み続けている。あるときは、豚舎内にガチン、ガチンと金属音が響いていたので、何かと思ってJがそちらへ近づいてみると、1頭の母豚が檻のフレームを深く咥《くわ》え、いつまでも噛み続けているのだった。別の1頭は、近づいたJをじっと見つめながら、顔を上下させて耳を檻のフレームにこすりつけ、その動作をやめようとしない。さらに出産間近の豚たちは、ありもしない何かを鼻で手繰《たぐ》り寄せるような動作、あるいは蹄《ひづめ》で地面を掘るような動作を繰り返していた。自然に囲まれた環境でそうするように、子を産むための巣をつくろうとでもしているようだった。

一見したところ整然とした豚舎であったが、働いていると不潔なところも目につくようになった。豚の糞はスノコの隙間から落ちていくことになっている。しかし現実はその通りにならず、大きな母豚の糞が固まってそこら中に散らばっていることも珍しくない。日常業務の一つに、母豚の糞をスコップで床下のピットに落とす除糞作業がある。が、分娩舎は20棟近くあり、そこに囲われた母豚の数は１０００頭近く、かたや人間スタッフのほうは10名ほどで、日によってはその半分になる。時間は限られていて、作業はほかにもあるので、掃除が行き届くはずはなかった。

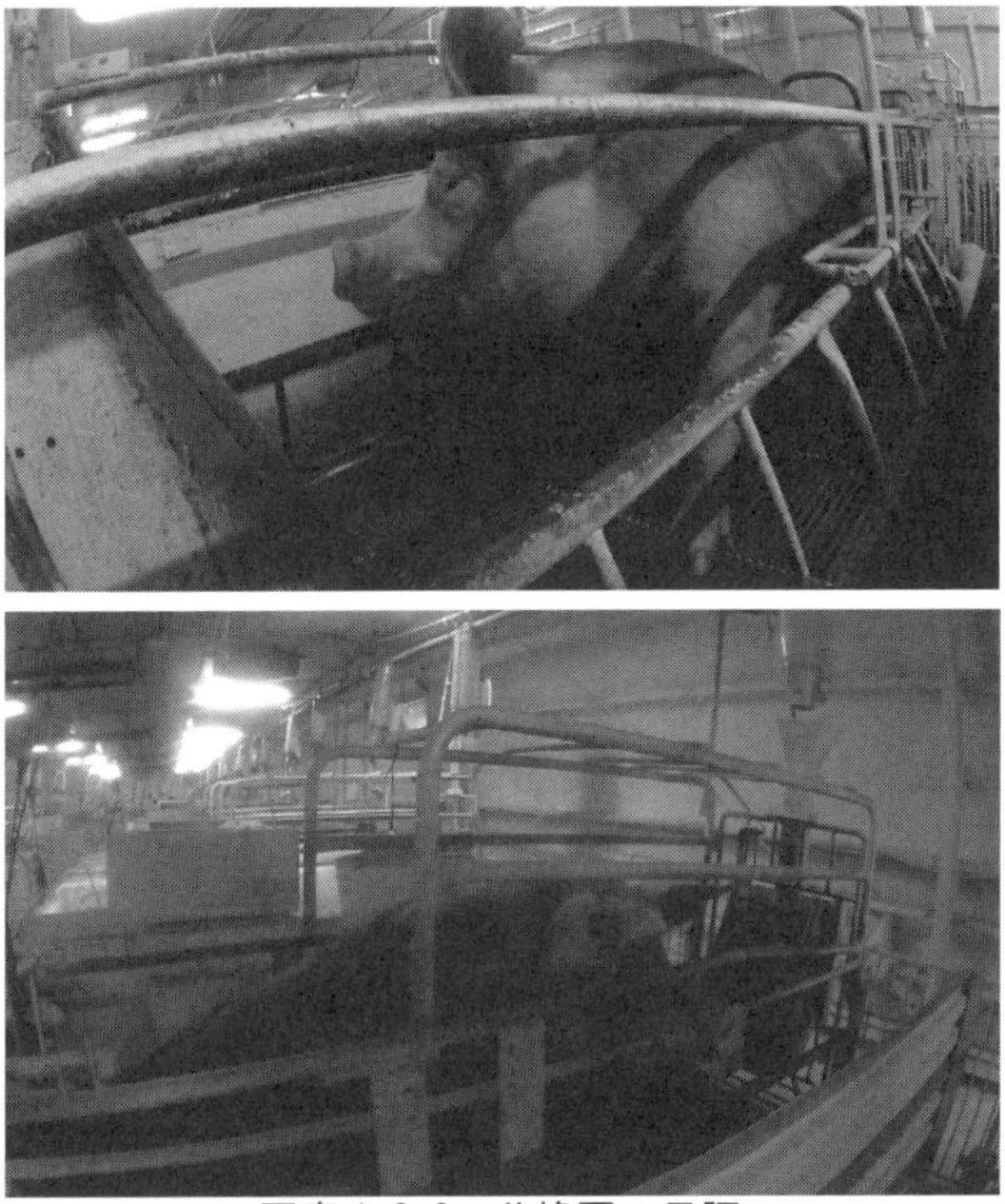
写真1-2,3　分娩房の母豚
下の豚はフレームを噛み続けていた

出産後に排出される胎盤は、医薬品や美容商品の原料である「プランセンタ」として高値で取引されるので回収されるが、そのプラセンタも糞にまみれていた。プラセンタはよい収入源になる大事な商品なので、スノコの隙間からピットに落ちたそれでさえも、長い棒でそろそろと引き上げられていた。

今日、繁殖用の雌豚たちは一生の大半を檻の中で暮らす。妊娠中の豚が閉じ込められる檻を妊娠ストール、出産前後の豚が閉じ込められる囲いを分娩房という。分娩舎に並ぶ、檻と保温箱が一体になった囲いが分娩房である。雌豚は成熟して人工授精を施されたのち、妊娠舎に列をなす妊娠ストールに収容される。ストールは豚の体とほぼ同じ大きさの長さ2メートル、幅60㎝ほどで、収容された豚は姿勢の変更を除くあらゆる行動の自由を奪われる。3か月を超える妊娠期間中、母豚たちは妊娠ストールから出ることを許されず、ただ自動給餌器が与える餌を食べ、それ以外の時間はひたすら無為にやり過ごすだけの日々を送らなければならない。ストールを出られるのは出産のおよそ1週間前、分娩舎に移されるときである。分娩舎に着いた身重《みおも》の豚たちは、妊娠ストールとほぼ同じ大きさの分娩房の檻に入れられ、出産を迎える。それから3週間ほどは子豚への授乳を行なうが、授乳中の彼女らは発情を起こさず、その間は種付けもできないので、早々に人の手で離乳が行なわれ、子豚たちから引き離された母豚たちは再び身ごもらされて妊娠ストールに閉じ込められる。妊娠ストールと分娩房のあいだを行き来する生活で彼女らは数年の月日を送り、最後には屠殺されてソーセージなどの加工肉になる。

妊娠ストールと分娩房という、豚の動きをほぼ不可能とする2つの檻は、給餌や糞尿処理などの飼育管理を容易にするために開発された。最初期の原型は1807年にイギリスでつくられた「パティソン氏の豚ケース」と呼ばれるもので、これはすでに、収容された豚が方向転換すらできない設計だったという。豚の監禁飼育が一般化する1960年代には欧米圏で分娩房が普及した。時同じくして、のちにバイオ企業モンサントが吸収することとなるアメリカのラボック雌豚繁殖社が、豚の大規模飼養システムを開発する中で分娩房と妊娠ストールを導入し、1970年代以降は新築の養豚場で妊娠ストールも広く使われるようになった。[*6]

人間にとっては管理を容易にする檻であるが、豚にとってはこれが苦痛を伴う生活環境になる。自由な豚は母豚数頭とその子豚からなる社会集団をつくり、10㎢ほどの行動圏内で生活する。出産を控えた豚は群れを離れ、1日に6㎞ほどを移動して巣づくりに適した場所を探し、枝葉や草を使って精巧な巣をつくる。出産後は母豚同士で子守をしつつ、交代で散策と食事を行なう。工場式畜産はこれら全ての行動と関係形成を不可能とする。檻に閉じ込められた豚たちは孤独、不毛な環境、そして何より体の向きすら変えられない極度の不自由に苦しむ。自由な豚は食事の場と排泄の場を分け、生活空間を清潔に保つが、檻の中ではその行動も妨げられ、排便の場で寝食をしなければならない豚たちは大きなストレスを抱えることになる。

豚はそもそも苦しむのか、と首をかしげる人々もいる。人間以外の動物は痛みも苦しみも感じない機械だという見方は、17世紀のヨーロッパで生まれ、肉食者に都合のよい説として広く世界に浸透した。しかし今日においてその見方を信じるとしたら、時代錯誤のそしりを免れない。動物たちが痛みや苦しみなどの感覚、喜びや恐れなどの感情を有していることについては多くの証拠が出揃っている。動物たちには痛覚受容体やストレスホルモンがあり、痛みや苦しみを感じないのだとすれば、そうした器官や物質の役割が説明できない。加えて畜産場の動物たちに観察される食欲の減退、免疫力の低下、神経症的な異常行動や攻撃行動も、苦しみの存在を裏づける証左となる。のみならず、不快刺激や不快環境に対する動物たちの反応には差異がみられ、かれらの各々が統計に還元されない個性を宿すことが窺い知れる。[*7]

柵を噛み続ける、頭を振り続ける、咀嚼動作を繰り返すなど、檻に囚われた母豚たちがみせる反復行動は、不適切な生活環境に由来する異常行動の一種、常同行動として知られる。これが不適切環境に適応できないがゆえの行動なのか、不適切環境に適応しようとするがゆえの行動なのかはいまだ結論が出ていないが、いずれにせよ常同行動はストレスの徴候に違いなく、そのことは畜産学の中でもはっきり認められている。[*8] 檻の生活は豚の体力と免疫力を衰えさせ、脚の障害、腫脹《しゅちょう》、鬱《うつ》、胃潰瘍《いかいよう》、さらには突然の刺激で呼吸困難や急性心不全をきたす豚ストレス症候群（ＰＳＳ）などの原因となる。

豚に多大な苦しみを与える拘束飼育は欧米圏で批判され、カナダ、アメリカ、ヨーロッパ各国などでは妊娠ストールの撤廃が進められてきた。日本でも動物擁護に取り組む活動家や市民団体は妊娠ストールの撤廃を企業に求めてきたが、この控えめともいえる目標を達成した豚肉大手はいまだ存在せず、養豚業者の９割はストール飼育を行なっている。[*9] 日本ハムがようやく妊娠ストールの撤廃を宣言したのは、ＰＥＴＡによるＸ農場の暴露が行なわれたのちのことだった。もっとも、撤廃の期限は２０３０年末となっている。[*10] そしてこれはあくまで工場式畜産の目に余る一面が見直されるだけのことであり、食用とされる動物たちの運命を大きく変えるものではない。

科学的管理

X農場では先述の通り、妊娠舎から分娩舎へ連れて来られた母豚たちが、薬剤で全身を紫色に染められる。薬剤の正体はマイターという色素剤に防虫剤と消毒剤を混ぜたものである。本来、豚は泥浴びによって寄生虫や病原菌から身を守るが、工場式の豚舎には藁《わら》はおろか、土も泥もない。豚は密集しているうえにケガも負うので、病気が広がる条件は揃っている。そこで、感染爆発を抑えるべく、人の手による消毒が行なわれなければならない。

Jたちの作業では噴霧器を使った。スタッフはまず、大きなバケツに3つの薬液を入れて混合し、噴霧器の本体から伸びるチューブを差し込む。続いてホースリールを手に壁沿いの通路を移動しながら、噴霧器とつながったホースを床に伸ばしていく。作業を始めるにあたり、ゴーグルとマスクを着用することも忘れてはならない。噴霧器を稼働すると、薬液の吸い上げにともなって工業用コンプレッサーに似たけたたましい音が鳴り響く。作業者はホースの先に付いた細いガンタイプの噴霧ノズルを手に、母豚たちの前に立つ。分娩舎に来たばかりの母豚たちは、異変を察知して騒然とする。作業者は最初の1頭にノズルを向け、車の塗装をするように薬剤を吹きかける。豚は逃げることもできないまま、体側から背中、背中から顔へと、みるみる紫色に染まっていく。薬剤の説明書には、餌箱や飲水器にかけてはならないと書かれているが、Jがみたかぎり、そのような配慮はなく、作業者らは豚たちの目や口を避けようともしなかった。時間内に作業を終わらせるに

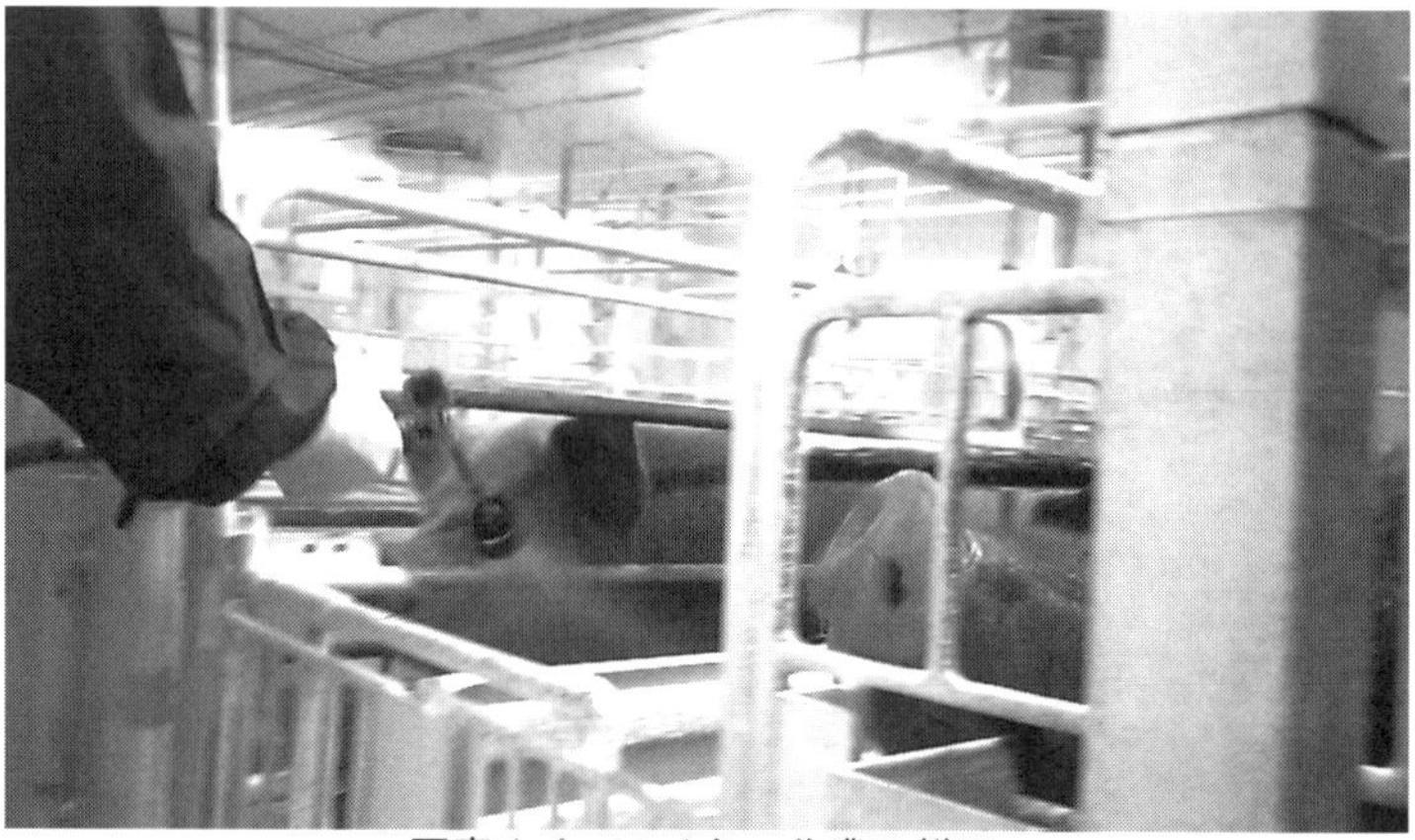

写真 1-4　マイター作業の様子

は、細かな配慮をしている暇はない。

　一頭が済んだら次の一頭へと、作業は順次進行する。豚たちは警戒の声をあげ、豚舎内に恐怖が伝播する。一頭が染められている最中、隣の豚は何が起こっているのかを必死に覗き見ようとする。背中合わせになった反対列の豚たちは、方向転換ができないにもかかわらず、精一杯首をひねり、目の端で後方の様子を探ろうとする。噴霧する作業者が近づいてくると、檻の中でおびえたように後ずさりする豚、悲鳴に近い声を上げる豚もいる。顔に薬剤を浴びせられると豚たちはあわてて目を閉じ、水をきるように頭を震わせたが、作業が終わると彼女らは舌まで紫色に染まっていた。1時間半で全ての豚を染め終えると、顔を守っている人間スタッフですら、多少の薬剤を吸い込んで車酔いのような気分になる。直接薬剤をかけられた豚たちがどんな気分になっているのかは知るよしもない。

　豚たちの管理には他の薬剤も使われる。出産を控えた母豚たちには、飼料添加物の形で数種類の抗生物質が与えられる。動物用医薬品のサイトによると、グラム陽性菌やグラム陰性菌などに効くものらしい。彼女らにはさらに出産日を揃える目的で分娩を誘発するホルモン剤も注射される。Ｊにこの作業を教えたスタッフは、ホルモン剤を注射しながら「本当は自然の摂理に反するから打たないほうがいいんだけど」とぼやいた。が、４０００頭もの母豚に自然なタイミングで好きなときに子を産んでもらっては、管理と生産計画に支障が生じかねない。

これらの過程を経て、母豚たちはいよいよ出産を迎える。豚は一度に平均10頭ほどの子を産むが、一頭を産んでもなかなか次の一頭が出てこないときがある。そのように手こずっている豚がいれば、子宮収縮を促すホルモン剤のオキシトシンが注射される。出産後も「治療」と称して種々の抗生物質が注射される。もっとも、それはいわゆる治療ではなく、初産《ういざん》の母豚たちは一律に予防用の抗生物質を打たれる。初産か否か、体調が悪そうか否かにかかわらず、出産を終えた母豚の全てに抗生物質が打たれることもある。

出産を終えて10日間は、やはり飼料に複数の抗生物質が加えられる。グラム陽性菌の抗菌薬、胸膜肺炎の予防薬など、投与プログラムはそのときそのときによって変わった。抗生物質のほかにコクシジウム病の予防薬も与え、ワクチン接種も行なう。こんなにたくさんの薬剤を使うのかと、Ｊは恐ろしく思うこともあったが、密飼いされて免疫力が弱った母豚たちを生かしておくには、こうでもしないといけないのだろうとも思った。

工場式畜産は農学、特に畜産科学の発達なしには成り立ちえなかった。動物の科学的管理と、それにもとづく畜産業の工業化は、農業生産の増大へ向けた知の蓄積と技術開発によって可能となった。19世紀以降、欧米圏では農業研究の制度化が進み、やがてそのモデルが世界各国に広がる。イギリスでは1840年にイングランド王立農業協会が結成され、2年後には王立農業大学が創設される。後者は19世紀後期までに講堂、図書館、博物館、実験室、動物病院、それに500エーカーの農場をも含む巨大な教育・研究機関となり、農場には多数の動物品種を囲い込んだ。同学を皮切りに、イギリス各地には農学校や農業研究所がつくられ、そのあとを追うように農業研究への支援制度も整えられていく。既存の大学には農学部が置かれ、第一次大戦を挟んで1919年からはオクスフォードとケンブリッジの二大校に農学の学位課程が設けられた。

アメリカでは1862年と90年に発布されたモリス法が、アメリカ先住民から奪った国有地を各州に与え、土地付与《ランド・グラント》大学と呼ばれる科学教育機関の設立を促した。土地付与大学で重視されたのは国力増強に資する軍学、工学、そして農学だった。1887年には土地付与大学の農業研究に資金を給付するハッチ法が制定される。20世紀初頭には農務省の研究機関、民間組織のアメリカ酪農科学協会、家禽科学協会、動物栄養学会などもつくられ、大学では食肉科学の課程が開設されていった。国家と産業による後援のもと、畜産科学は動物の疾病管理、飼料開発、育種などの分野を中心に高度な専門化を遂げた。*11

やがて畜産科学は動物関連企業や製薬会社が主導するところとなり、現代の畜産業を支える動物用医薬品の研究開発が進められる。1935年には製薬・化学企業のバイエルがグラム陽性菌対策に使われるサルファ剤「プロントジル」を販売し、間もなく同様の抗生物質が動物用医薬品として流通し始める。1940年にはグラミシジンが、43年にはペニシリンが、牛の乳房炎の蔓延に対処する目的で使われだした。1948年には製薬大手のメルクが、鳥の飼料に混ぜる添加用抗生物質で初の特許を取得する。そして翌1949年には化学企業アメリカン・サイアナミッドのレダール研究所が、抗生物質に動物の成長促進作用があることを発見し、豚肉大手ホーメルの研究所がこの結果を独自に検証して会報に掲載した。もともと病気の治療に用いられていた抗生物質は、病気の予防、さらには成長促進にも貢献し、労働費用の節約、経済リスクの抑制、そして生産量の増大に資するものとして、畜産業の中で常用されることとなった。その習慣が、薬剤耐性菌を育てる元凶として真剣に問題視され始めるのは数十年後のことだった。[*12]

日本の畜産科学研究は1924年創設の日本畜産学会に始まるが、本格的なスタートは戦後からとなる。1940年代には、のちに社団法人となる畜産技術協会、日本繁殖生物学会、日本動物薬事協会、動物用生物学的製剤協会などの研究者ネットワークがつくられた。現在の家畜改良センターは、もと宮内省所管の牧馬場として生まれたが、この時代に動物の改良増殖事業へと主軸を切り替えた。1950年代以降は政府の畜産振興策が打ち出される中、飼料への抗生物質添加が認められ、60年代までに畜産・養殖部門でその使用量が激増する。同じ時期に畜産科学の研究組織も増え、日本家畜管理学会、日本家禽学会、日本養豚学会、日本家畜臨床学会、日本家畜衛生学会などの前身が続々と結成された。学会誌の数は膨れあがり、研究論文も量産されだした。ちょうど日本が工場式畜産の黎明《れいめい》期を迎えた頃である。産業と研究の境界は薄れ、研究資金の調達をめぐるゲームの中で、科学はますます企業の目的に仕える知の生産へと傾倒していった。民間企業の参入も活発となり、2006年にアメリカ農務省が公刊した試算によれば、日本企業による動物関連部門の研究開発費用は、アジア・太平洋地域全体の投資額のうち、約4分の1を占めるに至った。*13

地理学者のハーヴェイ・ネオとジョディ・エメルは、著書『肉の地理学』で、畜産科学の発展は動物たちの商品化という帰結をもたらしたと指摘する。*14 科学的視点のもと、動物たちの身体は遺伝資源や生理現象の集合体へと還元され、より大きな利益創出を達成するための素材として扱われる。動物たち自身の意思・感情・関係は無視され、その生命と生活は経済生産の型枠に押し込められて絶え間ない技術的介入の標的となる。摂食や摂水は機械に管理され、ストレスと疾病は化学的・薬学的手法で抑制され、生殖活動すらも種々のホルモン剤や抗生物質で調節される。動物たちは生まれつきの生物機械なのではなく、人間の管理手法によって生産機械のモデルに落とし込まれるのである。

人間労働

機械化と自動化が進んだ環境でも、生きものを扱う以上、こまごまとした場面で人間の介入が必要になる。出産を迎えた母豚が破水を起こし、1時間以上が経ってもなお子が産まれないときなどは、人間スタッフが助産を行なう。作業者は半透明の長手袋をはめ、消毒液を吹きかけて腕全体に潤滑油を塗ったのち、手を豚の子宮に入れて届く範囲の子豚を引きずり出す。Jは豚の体や子宮の形について何も教わっていないうちから助産を行なうことになった。初めてのことで不安を感じていると、先輩スタッフから「母豚を練習台だと思ってやればいい」と励まされた。

　出産を終えた母豚には病気予防の目的で子宮洗浄が行なわれる。膣から子宮に長いカテーテルを挿し込み、ヨード液を流し込む作業であるが、これも他のスタッフが行なう様子を何度か見学したあと、素人が見様見真似で行なわなければならない。飲食店などのバイト生が簡単な講習だけを受けていきなり接客の現場に投入されるのと同じく、畜産の現場でも練習が即本番なのだった。しかも後者は動物の体内にまで関わる仕事である。Jはかつて、豚の体がどうなっているのか知りたいと上司に相談した。すると、これに書いてあるからと1冊の養豚マニュアルを渡されたが、そこに必要な情報は載っていなかった。

　注射を打つときや子宮洗浄をするときは、横になっている母豚を起こさなければならないが、出産後の母豚は体力を使い果たし、子宮から血を流しながら横になっている。尻を叩いても母豚はなかなか起きようとしない。そんなとき、スタッフらは痛みを与えて豚を起こそうとした。注射針を刺す、鉄の棒で突く、背中を太いマジックの角でグリグリと引っ掻くなど、やり方はさまざまだった。激痛に襲われた母豚たちは悲鳴を上げ、鉄柵に体をぶつけながら起き上がる。入社間もないJが子宮洗浄をして回っているとき、横たわっている母豚を起こせないでいると、見かねたスタッフがやってきて、「こうすればいい」とマジックで豚の背を強く引っ掻いた。起きなかった母豚は痛みに叫んで立ち上がった。「持っておくといいよ」とそのスタッフはJにマジックを手渡した。

　檻の生活で運動ができず、足腰が弱っている豚もいる。金属の床や柵に足をやられ、ケガや障害を抱えている豚もいる。そうなると立つのも容易ではない。まして床は滑りやすいのだから。手荒な方法で立たされる母豚たちの叫びは、明らかに苦痛を訴えていたが、その声に耳を傾けるスタッフはいなかった。Ｊはマジックを使って母豚を立たせる気になれず、尻を叩いても起きない豚はそのままにしておき、起き上がるのを待って子宮洗浄を行なった。が、そうして母豚のペースに合わせていると、仕事を終えるのに時間がかかった。

出産が終わったあと、母豚を立たせて子宮洗浄を行なっていると、産まれたばかりの子豚たちがヨタヨタ歩きながらＪのほうへ寄ってきた。好奇心の強そうな目でじっと人間を見つめ、確かめるように鼻をすり寄せる。しかしこれからこの子豚たちが被る扱いを思うと、Ｊはその瞳をまっすぐに見返すことができなかった。

時間や労力を節約したいがために豚の扱いが雑になる場面はいくらでもあった、とＪは振り返る。長いあいだ横たわったままで、餌を食べていない豚がいたら、やはりマジックで引っ掻くなどして無理やりに立たせる。母豚が檻の後方にぶつかって尻止めの金具が外れたら、豚を前に寄せて金具を付け直さなければならないが、そのときには豚の尻に何度も金具を打ちつける職員もいた。前方も左右も鉄柵に囲まれた豚は、その場を逃げることもできず、突然の攻撃に怯えるばかりで、どうすればよいか分からない様子だった。

餌かいと呼ばれる残飯処理の仕方も乱暴だった。母豚の前方に設置されている餌箱には、古い餌が残ってどろどろになっていることがある。餌かいの作業ではこれを容器に回収し、一杯になった時点で床を開けられる場所へ移動して、中身を地下のピットに流し込む。残飯はいずれ糞尿とともにスクレーパーで処理される。餌残しが多いときは、檻と餌捨て場のあいだを何度も往復しなければばならず、作業に時間がかかる。そこで、スタッフの中には早く切り上げるために餌箱の残飯をスコップですくい、そのまま分娩房の床に投げ捨てる者もいた。もともと床は排泄物を落とすためにスノコになっているのだから、どろどろの餌もそこから落としてしまえばよい、という発想だった。が、分娩房には母豚が横たわり、餌箱の下に鼻を突き出すように寝ているので、残飯は床ではなく母豚の顔に降りかかった。突然のことに母豚たちは驚いて頭を起こす。餌はその顎を伝って、スノコの下に流れ落ちていった。スタッフが残飯を分娩房へ投げ捨てるたびに、母豚たちの顔はどろどろに覆われた。

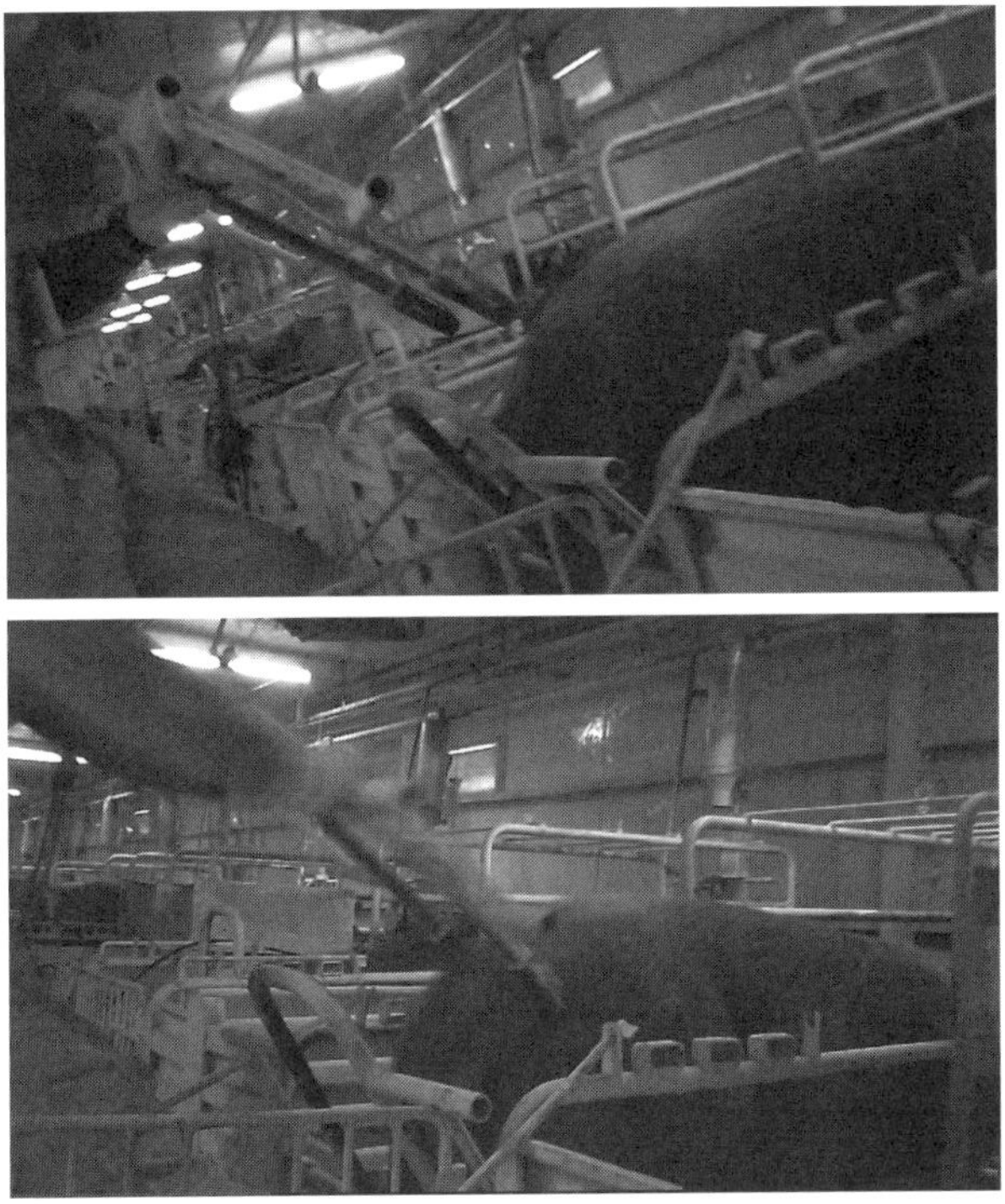

写真 1-5, 6　豚に尻止めを打ちつける職員

工場式畜産のシステムは機械の導入によって労働コストを削減したといわれる。確かに畜舎で働く人間の数は減った。しかしそれは、一人の労働者がより多くの動物を管理しなければならないことを意味する。そして動物の世話は機械が行なうという基本構想とは裏腹に、自動システムで処理できない動物たちの振る舞いは、人間が個々別々に対応する必要がある。動物たちはおのおの独自の個性をそなえた、工業モデルに収まらない存在だからである。

動物を管理する人間は少なく、労働時間は限られている。かたや施設ごとの生産目標は、現場の者が状況に合わせて決めるのではなく、現場から遠く離れた会社本部の重役たちが決める。現場の意見を受けて労働者の負担軽減が図られることもあるとはいえ、少人数で膨大な動物を扱うという根本的な問題は解決されない。というわけで、会社が設定する目標値を達成するために、現場の労働者たちは作業時間を切り詰め、省略できる部分を可能なかぎり省略しなければならない。建前として決められているルーティンと、実際に行なう作業が乖離《かいり》するのはこのためである。動物のペースに合わせていては一日の仕事が終わらないので、畜産の現場では思い通りにならない動物たちを力ずくで動かす場面も多くなる。かくして、動物たちの扱いはおのずと虐待的になる。

人々は「余計な動物虐待」に反対する。動物たちを食べるために殺すのは仕方ない、私が菜食者になるつもりはない、しかし食用の動物に対してであろうと不必要な苦しみを与えるのはよくない、と。実のところ、動物擁護団体の告発などを通して明るみに出る畜産施設での蛮行は、「余計な動物虐待」とは言い切れないものが多くを占める。それらは会社が指示した業務ではないにしても、会社の目標を達成するには必要になってくる扱いだからである。現在の畜産物生産量を維持しようとするなら、物理的に考えて、動物を丁寧に扱うことはできない。その意味で、虐待はルールからの逸脱ではなく、ルールに組み込まれた暗黙の了解事項、制度化された暴力というよりない。しかもそれは明文化されたルールではないがゆえに、明るみに出たとしても本社の責任とはならない。本社は生産目標を決定するのみで、それを具体的にどう達成するかは生産現場にゆだねている。２０１２年には伊藤ハムの契約農場における動物虐待が暴露されたが、その際も伊藤ハム本社は責任を現場の労働者に帰し、虐待に遺憾の意を表明しただけだった。末端の労働者に虐待の罪を着せ、責任逃れをする手法は大企業の常套手段と化している。

暴力に必要か不必要かの区分を設けること自体が不穏であるが、いずれにせよ畜産の現場においてはその区分が意味を失う。根本の問題を振り返るとすれば、動物の食用利用という、そもそも私たちにとって不必要な営みを前提したうえで、その中における個々の扱いの要不要を論じることに無理がある。

殺処分

子豚が産まれたら、その日のうちに見て回りつつ出産数を記録し、温かい場所を覚えさせるために保温箱へと入れていく。この作業を「取り上げ」といった。取り上げ作業ではまず、分娩房を挟んだ２つの通路に、スタッフが向かい合って立つ。母豚の尻側に立ったスタッフは片手で子豚を掴み、もう一方の通路、すなわち母豚の頭側に立つスタッフへその子豚を投げ渡す。受け取るほうは子豚の腹あたりを捉え、コンテナに落としていく。母豚１頭が産んだ子豚を全てコンテナに入れた時点で体重を測り、頭数で割って平均値を記録する。その後、受け取り手のスタッフは3、4頭ずつ子豚たちの後脚を摑み、保温箱の天井口から中へ入れていく。1・5キロ近くの動物は、投げ渡すのも受け取るのも簡単ではない。が、子豚たちの負担はそれ以上と思われた。摑まれ、投げられ、ぶら下げられるごとに子豚たちは悲鳴を上げる。母豚たちはその様子を見ながら怒りの声を上げる。しかし対照的に、スタッフらはいやがるでもなく楽しむでもなく、至極冷静に、事務的に作業を進める。投げられる子豚たちは野菜のようで、ぶら下がった姿は大根の束にもみえた。

スタッフが分娩房の中へ入り、子豚を抱き上げて作業を行なえば投げる必要はなかったかもしれない。が、分娩房に入るとすれば靴の裏をスプレーで消毒しなければならないので、余計な手間をかけられないスタッフらは子豚を投げ渡す方法をとっていた。職員によっては相方が受け取る体制になっているかも確認せずに子豚を投げることがあり、危うく受け損ないそうになる場面もある。作業中に農場長や獣医師が巡回に来ることもあるが、少なくともJが勤めていたあいだに、子豚の投げ渡しを見咎められたことはない。

弱っている子豚や、体が小さすぎて成長が見込めない子豚は、取り上げ時に「淘汰」、すなわち殺処分の対象となる。簡単な方法は叩きつけだった。殺すべき新生児がいれば、スタッフは片手でその脚を摑み、通路の床に振り下ろして頭を叩きつける。死んだ子豚は囲いの中に放り込まれ、取り上げが終わった時点で死体回収用の容器に集められる。この殺し方は養豚業界で広く用いられているが、見るからに痛ましいので、X農場では新入り社員の前で行なわないようにしていた。Jがこれを見たのは入社から2か月近くが経ってのことだった。キャスターの付いた死体回収容器を引っぱりながら、子豚の亡骸を集めていると、頭部を腫らした死体や鼻と口のまわりを血だらけにした死体がよく見られた。初めは病気のせいかとJは思っていたが、のちにそれは叩きつけによる負傷だったのだと気づいた。

コンクリートの床に頭をぶつけられれば瞬殺されるように思えるが、子豚たちは容易に死なない。あるときは13頭が叩きつけられたが、いずれの子豚もすぐには死なず、囲いの中に放られてしばらくのあいだ、激しくもがいていた。取り上げ作業が終わり、Jが容器を引きながら死体を回収していると、まだ4頭が生きていた。1頭は他の死体にまぎれて虫の息をしていた。ほとんど動かなかったが、持ち上げると抵抗するように四肢を動かした。1頭はただ空を蹴り続けていた。1頭は叩きつけの後に落とされた場所からかなり移動し、保温箱と給餌機のあいだに頭を挟んだ状態で、時おり体を突っ張るように伸ばしなが

写真1-7, 8　取り上げ作業
投げられる子豚とぶら下げられる子豚

ら激しく四肢を動かしていた。見ていると、動きながら薄く開いた眼をつらそうに固く閉じた。もう1頭は囲いの隅に落とされていたが、中央あたりに移動し、口をパクパクさせつつ、起き上がろうとでもするように四肢を弱々しく動かしていた。Jがこの4頭を確認したのは、叩きつけが行なわれて1時間ほど後のことだった。長引く苦しみを思い、せめてもという気持ちでJはみずから4頭の瞬殺を試み、その頭を思い切り地面に叩きつけた。それでも足の動きは収まらなかった。瞳を覗き込むと、何かを見ているようでもあり、何も見えていないようでもあった。「早く死んでくれ」と祈る思いで容器を引き、豚舎の外へ運び出した頃、ようやく子豚たちは動かなくなった。叩きつけられた13頭のうち、回収時に死んでいた9頭も、回収直前まで生きていた可能性が否めず、いつ息を引き取ったのかは分からない。

スタッフらは回収容器に死体だけでなく、のちに薬剤で殺処分する子豚も入れていた。薬殺対象の子豚を、離れた場所から容器に投げ入れるスタッフもいる。容器には死体と生体が乱雑に折り重なっていくが、息のある子豚はいずれにせよ後で殺すのだから、その前に容器の中で死体に押しつぶされて死んでしまっても問題ないという考えだった。生きている子豚が容器の中で積み重なることもある。ほかの子豚の下敷きになっている子豚は、口から泡を吹いて瀕死の状態になっていた。薬殺の前に力尽きる子豚は少なくなさそうだった。

スタッフの中には、山盛りになった容器を蹴りながら、死体を集めたスタッフに「(生きているやつも)いるよね?」と尋ねる者もいた。しかしわざわざ容器をひっくり返して中身を確認することはない。ある日、Jが豚舎の通路に置かれた容器をみると、血だらけになった死体の山から、弱々しく動く子豚の足が覗いていた。死体をかき分けて子豚を取り出してみると、間もなく動きは止まった。顔は青黒くなり、体は他の子豚たちの血で染まっていた。

新生児だけでなく、日数が経った子豚も、下痢がひどい場合や呼吸器障害が出ている場合はまとめて容器に回収され、豚舎の外の物置小屋まで運ばれる。朝に回収された子豚たちは、昼過ぎもしくは夕方までの数時間、物置小屋の前に放置されるのが普通で、10時頃までに回収された子豚なら15時頃に、遅ければ17時以降に殺されることもある。子豚は夏でもヒーターで温めなければならないので、秋や冬の寒さには耐えられそうになかった。屋外に放置された容器をJが覗いてみると、子豚たちはいつでもぶるぶると震えていた。

物置小屋には注射器と、パコマという殺菌消毒剤が置いてある。パコマは逆性石鹸の一種で、広く畜産業において使われる消毒剤だが、X農場ではこれを子豚の殺処分に用いた。作業者は子豚の片脚を摑んで宙吊りにするか、両脚のあいだに子豚を挟むなどして、心臓にパコマを注射する。注射を打たれた子豚はそのまま地面に落とされ、数秒から数十秒で動かなくなる。が、注射が心臓を外れた場合、子豚はしばらくもがき続け、死ぬまでのあいだ、血を吐きながら少しでも空気を吸おうとするかのように口を動かしていた。

分娩舎を出て少し歩くと、ネットに覆われた一角があり、そこに大きな青バケツが並んでいる。子豚の死体は最終的にこのバケツへ詰め込まれ、のちにレンダリング工場へ運ばれる。食用にならない動物の屍肉を粉砕し、油脂や飼料や肥料に加工するプロセスをレンダリングという。狂牛病の原因とされる肉骨粉という飼料もレンダリングの産物だった。バケツの中にはレンダリングに回す血だらけの死体が山をなしていた。へその尾がついている子豚たちは、産まれてすぐに叩き殺された新生児と分かる。そんな中に、体を血で染めながら、まだ息をしている子豚がいることも珍しくない。

Jは死体に埋もれかけている1頭の子豚を取り出したことがある。子豚は抵抗するように頭を震わせ、手足を動かした。もう眼を開けることはできなかったが、腹の動きで呼吸を続けていることが分かった。どうすべきか悩んで、そのまま死ぬに任せることにした。叩きつけるのもパコマを打つのもいやだった。新たな痛みを加えたくない。このときもただ、早く死ぬことを祈るしかなかった。

また別のときには、死体の上で仰向けになったまま、脚を突っ張らせたり振るわせたりしている子豚がいた。もう立ちあがることはできないらしい。バケツの中は血で染まっていなかったので、その子豚は叩きつけで半殺しにされた状態で出されたのかもしれず、殺処理をせずにバケツに入れられたのかもしれなかった。

バケツの中を確認できる機会は少なく、どのみち奥のほうに埋まっている子豚の生死までは分からない。息のある子豚がどれくらいの頻度でバケツに入れられているのかは知るよしがない。が、叩きつけた子豚を半殺しの状態で放置したり、殺す予定の子豚を死体の山に埋もれさせたりといった扱いが当たり前と化している環境では、死体回収用のバケツに生きた子豚が日常的に押し込まれているとしても不思議ではないように思われた。

バケツに捨てられた子豚たちは、のちにX農場のスタッフがトラックで敷地内をめぐりながら回収していく。それをそのままレンダリング工場へ持っていくのか、レンダリング業者に渡すのかは不明であるが、いずれにせよ、不要とされた幼子らはバケツに入れておけば、ほどなく消え去るのだった。

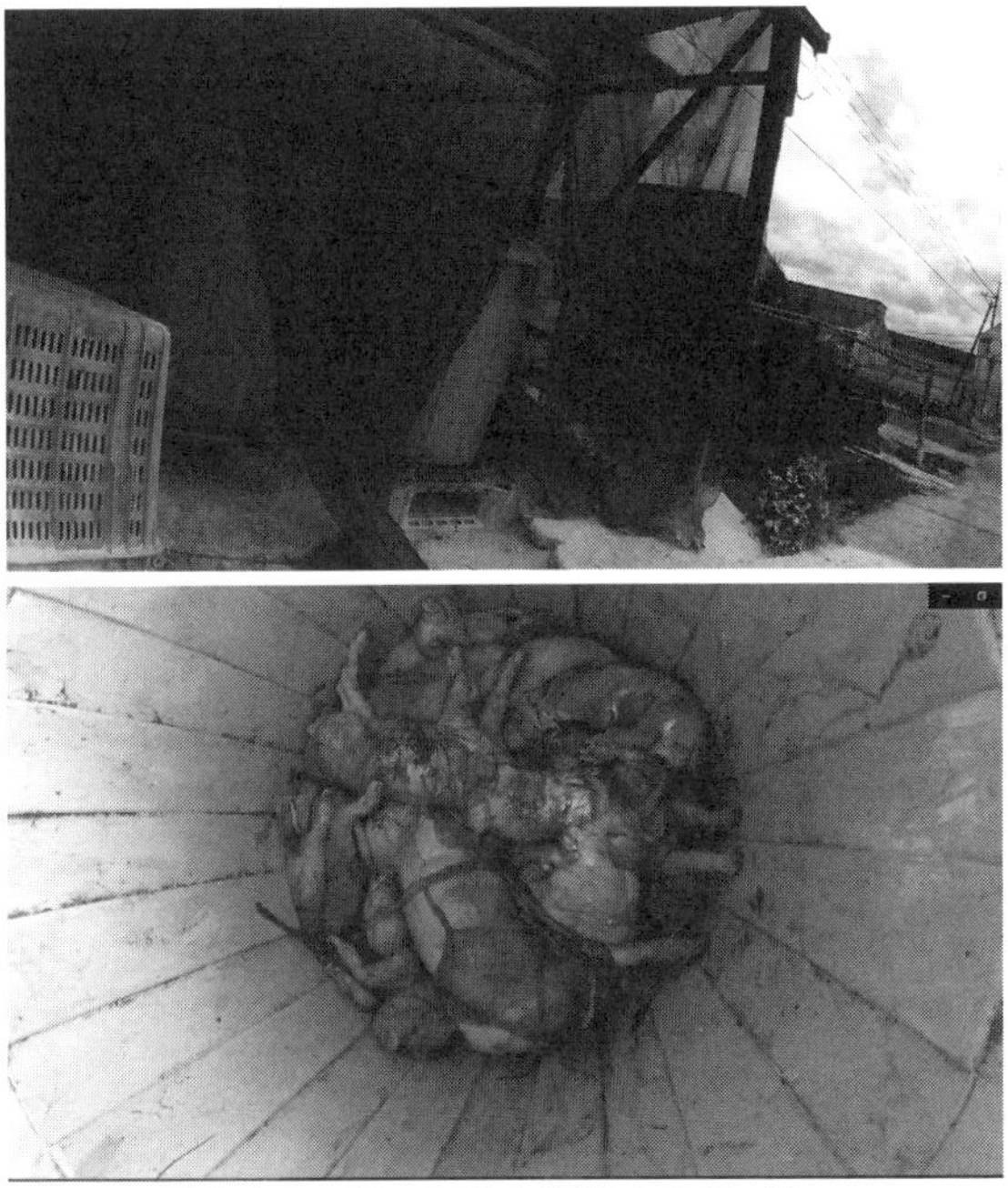

写真1-9，10　死体を保管する青バケツ

　畜産場は動物保護施設ではないので、成長が見込めない動物はわざわざ治療せず、早々に殺処分する。この習わしは通常、婉曲的に「淘汰」と称される。欧米圏では都市化が進んで肉の消費量が増えた19世紀以降、食用とされる動物であっても酷い扱いを受けるべきではないという思想のもと、その「人道的」な殺し方を求める世間の声が高まった。初めは屠殺において、斧や短刀やハンマーを使っていた失神処理に代わり、ボルトガンと呼ばれる特殊な銃器を使う方法が現れた。この背景に

は武器産業の成長がある。20世紀初頭に「人道的」屠殺を求める市民団体の働きで屠殺場へのボルトガン導入が進み、1933年にはイギリスで動物屠殺法が、1958年にはアメリカで人道的屠殺法が制定された。やがて二酸化炭素を使ったガス殺のような科学的安楽殺の手法も生まれる。他方、呼吸の変化や光に対する瞳孔《どうこう》の反応などをもとに、失神処理や殺処理をした動物の意識の有無を確かめる方法も確立された。屠殺方法の改善には非常な熱意が注がれてきたが、同じ関心は畜産場における淘汰のあり方にも向けられ、「人道的」淘汰の方法論も整理と体系化が進められた。[*15]

何をしても許されていた畜産・屠殺産業に、動物への配慮にもとづく一定のルールを課した点では、これらの改革に多少の意義を見出すこともできるかもしれない。が、その内実は皮相的でもあった。イギリスの人道的屠殺協会（HSA）、アメリカ獣医師会（AVMA）、アメリカ養豚獣医師会（AASV）などは、「人道的」淘汰の方法として薬殺や銃殺、そして子豚の叩きつけ——業界用語では「人力鈍器損傷（manual blunt force trauma）」——を認めている。つまり公的機関や業界団体が定義するところの「人道的」淘汰とは、業者にとって効率的な動物殺しをただ追認したものにすぎない。なぶり殺すなどの非効率的な方法を咎める根拠にはなるかもしれないが、一撃で殺せるならば叩きつけも許される。人の道にしたがって殺す、というそもそもの発想があからさまな矛盾をはらんでいるので、「人道的」な屠殺や淘汰が空疎な概念になるのはけだし必然でもあっただろう。なるほど理論的には痛みを感じさせる間もなく一つの生命を断つことも可能に思える。しかし現実は理論どおりにならない。叩きつけられる子豚たちは、当たりどころ次第では生きながらえ、長いあいだ苦しみ続けることになる。そしてその数は少なくない。「人道的」屠殺の現場でも、ボルトガンに急所を射抜かれなかった動物たちは地獄の苦しみを味わう。
しかし日本の畜産場は「それ以前」といわざるをえない。X農場で使われているパコマは、本来ならば消毒剤であって、動物を殺処分するためのものではない。AVMAは動物の安楽殺に関するガイドラインで次のように述べている。「ストリキニーネ、ニコチン、インシュリン、カフェイン、洗浄剤、溶剤、農薬、消毒剤、その他、治療用ないし安楽殺用として特別に設計されていない毒物は、いかなる状況でも安楽殺剤としての使用が認められてはならない」[*16]。ところが日本ではしばしば消毒剤のパコマが動物の殺処分に使われる。2010年に口蹄疫が発生したとき、また2018年以降に豚熱（豚コレラ）が発生したときも、牛や豚がこの薬剤で殺された。パコマを打たれた動物がどのような機序で死に至るのかは明らかになっていないが、逆性石鹸には筋弛緩作用があることから、全身の筋肉が弛緩して呼吸ができなくなり、窒息死を迎えるという筋が考えやすい。意識を保ったまま、息を止められて命を落とす動物たちの苦しみは想像を絶する。「人道的」淘汰という概念のナンセンスは顧みられてよいが、日本の畜産業界がその基準にすら至っていないこと、動物を苦しめないための最低限の配慮すら怠っていることは、なお注目されてよい。

X農場で働くスタッフは殺処分の方法をよしとしてはいなかった。Jの同僚は語っている。「新入社員の頃に子豚の頭を叩いて殺すところを見たのはすごくいやだったね。信じられないと思った」。しかし叩きつけ自体を否定する気はないようだった。「注射で殺すよりもそっちのほうが早いから」である。また、別のスタッフは子豚の扱いに気をつかっていた。淘汰対象の子豚を死体と混ぜて容器に入れず、腕に抱えて話しかけながら移動させることもあった。が、そんな人物であっても、ノルマに追われれば豚に配慮している暇はない。起き上がらない母豚を鉄の棒で突き、子豚を乱暴に摑み上げるなどの点では彼も他のスタッフと同様だった。

農場の方針としても、先述のような淘汰方法を認めているわけではなかった。Jの上司にあたる人物は、かつて豚を生きたまま死体用のコンテナに入れてしまったことがあると語っていた。叩いても殺しきることができず、途中でかわいそうになって回収に出してしまった。その豚は次の日も生きていて、コンテナを蹴る音がカンカンと響いていたという。農場長は「最低限のルールは守らなければいけない。豚がかわいそうだ」と言っていた。叩きつけは養豚場で行なわれる一般的な淘汰方法だが、「安楽ではないし、本当ならやってはならない」。パコマについても、「本当なら麻酔を打って感覚が分からくなってからのほうが苦しみが少ないだろう」というのが農場長の考えだった。しかし予算も時間も人員も限られている中で、売り物にならない子豚のために余計な手間を増やすなどということは考えられるはずもなかった。

身体損傷

取り上げで生き残った子豚には試練が待っている。産まれたての子豚は粘液や羊膜で濡れているので、そのままにしておくと体温を奪われてしまう。このため、X農場では水分を吸収するゼオライトという鉱物の粉末を一つかみ、子豚の頭上からバサリと振りかける。この粉は下痢の治療にも使われ、黄色い糞をする子豚や体が震えている子豚、尻周りが汚れている子豚がいれば、ゼオライトと整腸作用のある粉を混ぜたものが全身に振りかけられる。粉が子豚の眼や口に入らないよう気をつけるスタッフはいなかった。粉をまいていると、マスクをしている人間でも喉がカラカラになり目が痛むが、急にそれを浴びせられる子豚のストレスは問題にされなかった。

子豚たちは土のない環境で鉄分不足に陥り貧血になりやすいとの理由で、生まれたその日に鉄剤も注射される。何でもない作業のようだが、人間の医療と違うのは、素人が練習なしで注射を打つこと、消毒もなしに1本の針で複数の子豚に注射をすることである。注射を打つ部位をアルコール綿で拭くなどということもしない。新人は先輩スタッフの作業を数回見たのち、みずから保温箱の子豚を取り出し、鉄剤を注射する。Ｊは初めてこの作業を行なったとき、こんなに簡単でいいのだろうかと不安に思った。注射を打つのは耳の付け根にあたる耳根という箇所だったが、神経に入ると立てなくなってしまうことがあるという。神経を避けるにはどこに打てばよいのかと先輩に尋ねたが、耳根であればどこでもよいとの回答だった。産まれたばかりの子豚は体のサイズに比して耳が大きく、ひらひらしている。それが邪魔で耳根に狙いを定めにくい場合は、「耳ごと打てばいい」と教わった。注射を打たれた子豚は悲鳴を上げ、血を流すこともあった。

1頭の注射が終われば次の1頭に注射を打つ。保温箱の奥にいる子豚は手が届きにくいこともあるが、そういうときは注射を打ち終えた子豚を保温箱の奥に投げつける習わしだった。そうすれば、奥にいた子豚は驚いて前に出てくる。子豚の扱いは常にこの調子だった。しかし針の扱いは対照的に神経を使った。誤って落としても大丈夫なように必ずバケツの上で針をセットし、使い終えたらキットに戻して本数を確認する。事務所に移動して保管箱に収める際も、必ず本数を確認しなければならない。針の扱いについてはミーティングでも時おり注意喚起された。万一、豚肉から針が出てきたなどということになれば日本ハムの信用にかかわるからである。

子豚が生後2〜3日齢を迎えると断尾が行なわれ、雄であれば去勢も施される。断尾は同じ囲いの豚たちが互いの尾を噛んで傷を負わせ、感染症が広がる事態を防ぐために、あらかじめ尾を切っておく措置を指す。他方、去勢は雄豚の肉質を良くする目的でなされる。X農場ではこれらの作業を、ワクチン接種ならびにコクシジウム予防薬の投与とワンセットで行なう。呼吸器障害などが流行した際はこれに抗菌剤の注射も加わった。

一連の作業は2人1組で、分娩房の子豚たちを通路に置いた手押し車のカゴに移すことから始まった。まずは1名のスタッフが母豚の尻側に回り込み、頭側に控えるもう1名へと子豚を投げ渡す。受け取ったほうはその子豚をコンテナに入れていき、満杯になるまで詰め込む。続いて2名はコンテナを挟んで立ち、1名はプッシュ式のスポイトを持って、ぎゅうぎゅう詰めの子豚に順次コクシジウム予防薬を経口投与する。いやがって口を開かない子豚は多いが、口の端から無理にでもスポイトの先を押し込んで薬を飲ませなければならない。終われば子豚の背や頭にマーカーで目印をつける。もう一方の作業者はワクチン――と、必要なときには抗菌剤――の注射を子豚の頸部に打ち込み、同じくマーカーで作業済みの目印をつけていく。2つの作業が終わると、子豚の背はマーカーだらけになった。

玩具のように弄ばれるわが子らを前に、母豚はものすごい唸り声を上げ、檻に何度も体をぶつける。不毛な生活で目の輝きを失い、異常行動すら呈していた彼女らは、それでもなお狂気に陥っているのではなかった。虐待者に向けられる怒りには、子を守ろうとする明確な意志が表れていた。口に泡を溜めて力なく横たわっていた母豚も、子豚たちの叫びに呼応して起き上がり、猛烈な怒りを全身にみなぎらせる。檻はこの事態に対処するためにも必要とされているようだった。母豚を閉じ込めていなければ、子豚を傷つける人間のほうが無事では済みそうにない。

子豚たちの悲鳴、母豚たちの怒号を無視して作業は淡々と次へ向かう。続いて行なうのは断尾である。重要なのは切断箇所で、長さにしておおよそ、人の指の第一関節分を焼き落とす。これより長く尾を残すと、豚たちの共同生活が始まったのちに尾かじりの標的となる。逆にこれより短いと人が尾を摑めない――肥育の過程で、立たない豚を立たせるときに尾を引っ張るのだという。断尾の作業者は片手で子豚を逆さにぶら下げ、もう片方の手でホチキスとペンチを合わせたような形をしたガス焼灼《しょうしゃく》式カッターを握り、豚の尾を焼き切る。麻酔を使わないので子豚は激痛に身をよじらせ、すさまじい叫び声を上げる。尾を切断したあとは出血を防ぐために断面を焼くことになっていたが、その際はさらに悲鳴が大きくなった。焼灼式のカッターを使っているので尾の断面は焼かれているはずであり、それ以上に焦《こ》がす理由がJには分からなかった。脇に子豚を挟んでこの作業を行なうと、尾を切られる幼児の異常に高ぶった鼓動と筋肉の緊張が伝わってきた。

雄はさらに去勢を経なければならない。初めに分娩房の手前、つまり母豚の眼前に、短いハシゴ型の去勢台を取り付け、横棒に子豚を引っ掛けて宙吊りの状態で固定する。そして2つの陰嚢《いんのう》にメスを入れ、睾丸《こうがん》を抜き出して切除する。このときも麻酔は使わないので、ぶら下がった子豚は去勢

写真1-11　去勢作業　子豚は悲鳴を上げ、母豚は怒号を響かせる

のあいだ中、暴れながら声がかすれるまで泣き叫ぶ。初心者は一度でメスを適切な深さに挿し込むことができず、睾丸を取り出すにも苦労するので、子豚は長いあいだ苦しむことになる。声を振り絞ったあげく、もはや叫ぶ力もなくなった子豚は、苦悶に顔をゆがめて荒い息をし始める。

母豚たちの唸《うな》りはさらに高まり、猛獣のような咆哮《ほうこう》へと変わる。わが子を助けたい一心で、彼女らは檻にぶつかり、鉄柵を引っ掻き、身動きを封じる拘束に全力で抗《あらが》う。隣の母豚も作業者のほうを向いて激しく抗議の声を上げる。尋常でないことが行なわれているという戦慄は部屋中に伝わり、豚舎は母豚たちの殺気と恐怖に満たされる。阿鼻叫喚という形容がこれよりもふさわしい場面はそうそう見つかりそうにない。

これは人間スタッフにとっても試練だった。子豚たちの悲鳴に耳をやられないよう、去勢を行なう際には作業者が耳栓をつける養豚場もあるが、X農場ではそれをしないので、耳は割れそうになる。しかしそれ以上に、泣き叫ぶ子豚を切り刻む仕事は、作業者の良心を揺さぶる。残忍さに慣れることは可能だが、去勢の耐えがたさを理由に会社を辞める者は多かった。

断尾と去勢が済んだら、最後に消毒のため、子豚たちの切断部分にヨード液をスプレーする。薬がしみるらしく、このときも苦しそうな呻《うめ》き声が上がるが、これでようやく一連の作業は終了となり、子豚たちは分娩房に戻される。ただしその際も、スタッフは腰をかがめて1頭ずつ囲いの中に置いていくなどということはせず、立ったままの姿勢で子豚たちを所定の場所に落とした。落とされた子豚たちは、マーカーだらけの背中を揺らしつつ、痛みを加えた人間から少しでも離れようとするかのようにガニ股でよろよろと遠ざかった。下半身に深手を負ったかれらは、患部が痛むので座ることも横たわることもできず、体をぐらつかせながら立ち尽くす。作業の翌日には、去勢の傷痕を赤黒く腫らして死んでいる子豚も見つかった。苦しみぬいて息絶えた、生後3日の幼児である。

動物アグリビジネスは動物に合わせて生産モデルを組み立てるよりも、生産モデルに合うよう動物に絶えず干渉を加える道を歩んできた。生まれたての子豚にゼオライトを振りかけ、鉄剤を注射することは、当然ながら自然環境では必要とされない。母豚は子が快適でいられる巣をつくるので、濡れた体が冷えてしまうことはない。鉄分は土壌から得ることができる。しかし土や藁を取り除いた工場式の豚舎ではそのどちらも叶わないため、人間が穴埋めをしなければならない。

断尾も工場式の飼育が始まったことで必要となった。豚たちは理由もなく互いの尾を噛むのではない。尾かじりが生じるのは、何もない無機質な環境で密飼いされる豚たちがストレスのはけ口を求めるせいだと分かっている。豚たちが好奇心を満たせる環境であれば、このような攻撃行動は発生しない。が、畜産業界は豚の求めに応じて飼育環境を変えるよりも、飼育環境に合わせて豚の体を変えることを選んだ。

ここに工場式畜産の矛盾が表れている。効率性を追い求めてつくられたはずの生産モデルは、それが引き起こす問題に対処すべく、本来ならば不要な干渉を動物たちの身におよぼす。言い換えれば、工場式の生産モデルを立ちゆかせるには、動物たちのほうを無理にでもその環境に適合させなければならない。動物たちが必要とする自然の要素を無駄なコストとして排してきた結果は、逆説的にも、無駄な干渉の増加だった。そしてその干渉は人間労働者の負担を増すばかりでなく、動物たちの苦しみをも増す。してみれば、今日の畜産業に組み込まれた各種の薬剤投与や身体損傷もまた、ある意味において「必要な動物虐待」のようでもあり、ある意味において「余計な動物虐待」のようでもある。それらは動物たちを集約大量生産の鋳型《いがた》に押し込めようとする企ての帰結だった。

ただしもう一つ考えなければならないことがある。動物たちにお仕着せられる鋳型は、生産者の都合もさることながら、消費者の欲望によって形づくられる側面も大きい。そもそも集約型の動物飼養は、安い畜産物の大量消費を求める人々の欲望を糧《かて》とするシステムである。あるいは去勢を考えてもよい。この処置は、くさみがなく柔らかい肉を食べたいという、人々の潜在的な欲望を満たすために行なわれる。畜産物の消費者は「去勢した豚の肉を食べたい」と願っているのではないが、くさみのある硬い肉が市場に流通していればそれを避けようとするだろう。つまりそこには良質な肉を食べたいという潜在的な欲望があり、業者はそれを見越して去勢を行なう。売れる商品をつくらなければならないという観点に立つなら、去勢もまた「必要」ということになってしまう。消費者の欲望自体が生産者の宣伝によってつくられている部分もあるとはいえ、動物たちをさいなむ種々の干渉は、生産者と消費者、双方の共犯が生んでいるものとみるよりない。薬を打たれ、マーカーにまみれ、体のあちこちを切り刻まれた動物たちの姿は、かれらが何者であるか以上に、私たちが何者であるかをよく物語っている。

母子生活の破壊

分娩房の母豚は動く自由を奪われているが、子豚たちは動き回ることができ、大きな母豚を閉じ込めた檻の周囲を行ったり来たりする。しかしながら、その幼子特有の限りない好奇心の大きさに比して、囲いの空間はあまりに小さく貧しい。母豚の檻、保温箱、餌箱、飲水器、それ以外には何もない。母豚は横になって乳を与える。顔に近づいた子豚には鼻を寄せてやさしく声をかける。しかし子豚たちと連れ立ってどこかへ行くこと、一緒に何かをすることはできない。体を動かせないので、したいと思う世話は全くできない。この檻を考案した人物は、出産と授乳が豚の親子の全てだとでも思ったのだろうか。

中には虚弱気味に産まれて、母豚の乳を充分に飲めない子豚もいる。子豚は初乳を飲んで免疫を獲得する必要があるので、そのような子豚がいれば、母豚から絞った乳を人間スタッフが飲ませる。Jが教わったのは、片手で子豚の後頭部を掴み、指を使って口を開け、もう片方の手でカップや注射器に入れた初乳を流し込むという方法だった。子豚は頭を支点にして宙吊りになり、強制的に乳を飲まされる。正しい哺乳方法は、子豚の口に注射器を差し込んで舌の上に初乳を乗せ、少しずつ自発的に飲ませる、という方法のはずだが、そんなことをしていては時間がいくらあっても足りない。というわけで、スタッフは囲いの端にうずくまっている子豚を捕まえては、真上を向かせて乳を流し込むのだった。飲まされた後の子豚はさらに弱々しくなり、次に見たら死んでいることもあった。

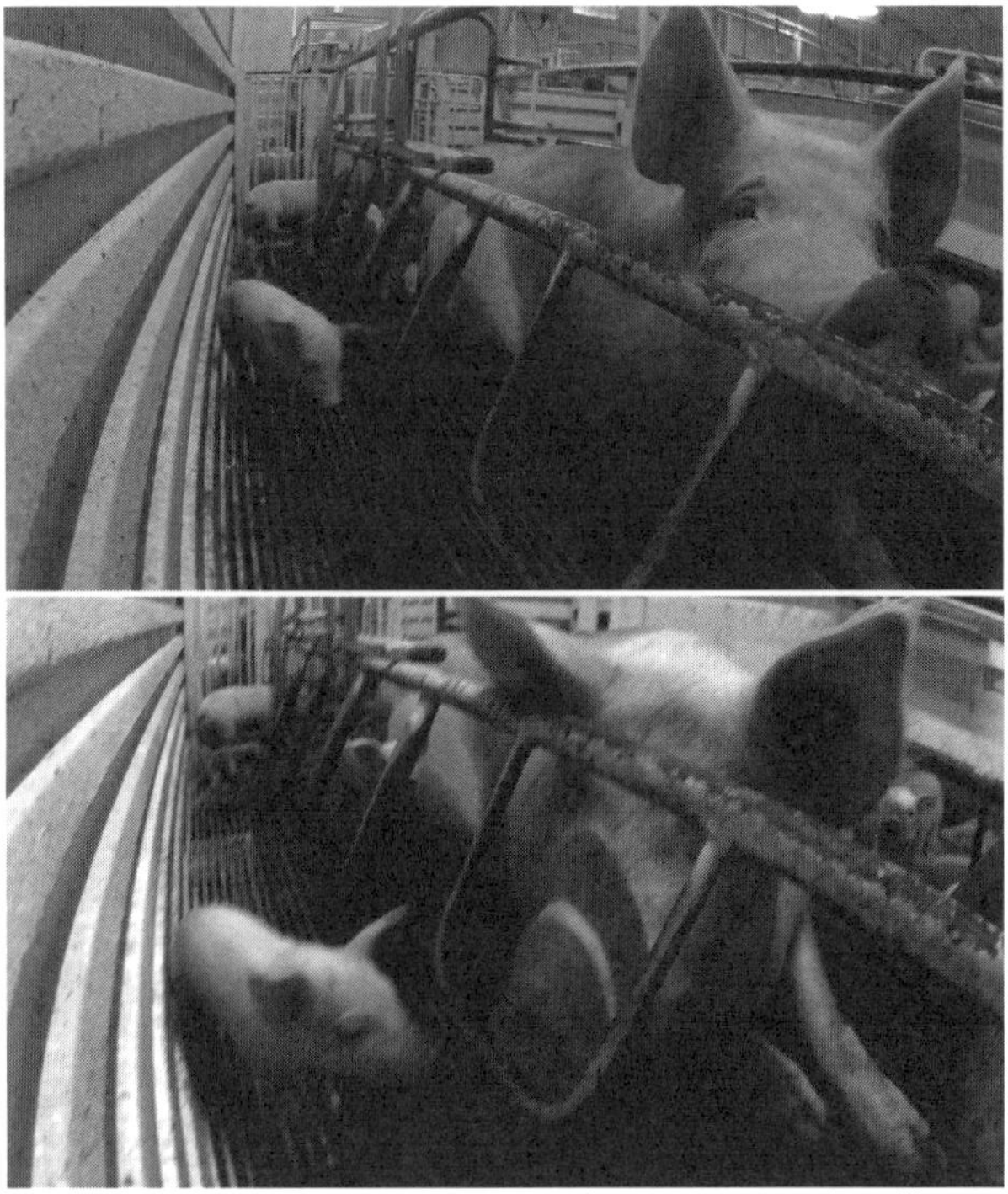

写真 1-12, 13　母豚と子豚　右端に見えるのは保温箱

スノコ状の床は子豚にとって

脅威で、隙間に足が嵌まれば動けなくなる。特に虚弱気味の小さな子豚はそうなりやすい。あるときJが見かけたのは、産まれたばかりでへその尾を長くひきずったままスノコに足をとられている子豚だった。どれくらいのあいだその状態だったのか分からないが、子豚は疲れ切って泣く気力もなく、スノコから足を抜こうとしたときに、か細い声を上げるのみだった。足は抜けたが、子豚はもうそこから動くことはできなかった。

子豚が餌を食べるようになれば、スタッフは離乳までのあいだ、1日2、3回、給餌を行なう。囲いの端についた給餌器に抗生物質入りの餌を盛り、減れば足していく。餌を配っているときなどに目についたのは、脇にある飲水器の汚れだった。子豚のそれにはいつでも糞が入っていた。飲水器の清掃は新人に任されていたが、糞がこびりついて取れなくなっていることもあり、飲水器は常に汚かった。もっとも、分娩房の中には母豚の糞が散らばり、子豚たちは糞をかき分けながら母豚の乳首までたどり着くありさまなので、飲水器が汚れるのも無理はない。子豚の足が挟まれる一方、母豚の糞は落ちていかないという点で、スノコ床は出来の悪い代物に違いなかった。

豚の母子生活が始まったのち、豚舎で作業をしていると、1日に数回、子豚の叫びを聞くことになる。母豚の下敷きになった子豚が助けを求める声である。分娩房は母豚が子豚を押しつぶす事態を防ぐために使われるというが、圧死はX農場でも珍しくなかった。Jは叫び声を聞いて子豚を助けることもあったが、誰もいないときに押しつぶされて息絶える子豚のほうが多かった。母豚たちは常に子らを気づかい、スタッフが手を出そうとすると、断尾や去勢のときの記憶が蘇るのか、鉄柵のあいだから首を伸ばして侵入者に咬みつこうとするほどであったが、そもそも自由を許さない檻の中にあっては、子をつぶさないように配慮することが不可能だった。圧死した子豚の体には、スノコの跡が縞模様のように刻まれていた。

産業利用される動物たちに対し、私たちは多くの誤ったイメージを抱いている。豚は肥満の象徴とされるが、その体脂肪率は飼育下でも15％前後を超えない。豚は不潔だといわれるが、動物たちの中でもとりわけ清潔を好む。豚は何も考えない愚かな動物だと思われているが、人間の物差しで知性の高さを示すとされるところの、言語や自己意識や長期記憶を持つことが数々の実験と観察により確かめられている。そして、豚は機械とみなされるが、親子や仲間のあいだで強い結び付きを築き、近しい者の苦痛や恐怖に寄り添ってみずからも共に苦しみ、子や友を害する者がいれば全力で立ち向かう。母豚は子らに生存のための知を与え、寒さが訪れればその体で子らを温め、暑くなれば連れ立って水浴びや泥浴びをする。子が生まれてしばらくのあいだはよそ者が巣に近づくことを許さないが、やがて他の母豚たちと共同生活を始める。授乳のときにはめいめい子豚たちに歌を歌って聞かせ、子らは幼くして母の声を聞き分けられるようになる。母と子の愛情は、子が大きく育ったのちも保たれる。[*17]

動物たちの実像を知ると、畜産業がかれらから何を奪っているかが見えてくる。分娩房は母豚の動きだけでなく、その親子間の交流と意思疎通をも極小まで制限する。母豚は目の前に弱っている子豚がいてもなすすべがなく、あまつさえ不用意に近寄ったわが子をよけられずに押しつぶしてしまう。子豚たちは無機質で退屈な囲いの中、ストレスによって姉妹兄弟や母豚を攻撃するようになる。母子は互いを傷つけあう関係に置かれる。自身の子が弱り、すさみ、死にゆく様子を見て、母豚たちは何を感じるだろうか。著書『恐るべき比較』の中で、マージョリー・スピーゲルは家族関係の破壊、ひいては社会関係の破壊が、人間奴隷制と動物利用に共通する最大の悲劇の一つだと論じた[*18]。

豚の親子を閉じ込める拘束装置は父権的な管理思想をも反映している。それはただ人間の仕事を容易にするだけでなく、母豚による子豚の圧死を防ぐという、もっともらしい目的を持つ。背景にあるのは母豚の育児能力に対する不信である。母豚は適切にわが子の面倒をみることができない、したがって子豚の育成は人間とその技術の管理下に収める必要がある――そのような暗黙の想定が、豚の母子関係を制約する分娩房の構造に表れている。実のところ、子豚の圧死は畜産施設の環境に原因があり、檻に閉じ込められた母豚が運動不足で脚を痛めること、ゆえに子豚を下敷きにしてもすぐには立てないこと、窮屈なのでゆっくり寝そべる姿勢になれないことなどが災いしているのであるが[*19]、畜産関係者は諸悪の根源を飼育方法ではなく母豚に帰す。そこで、無能な親とみなされた母豚たちは実のある生活機会を奪われ、出産のあとはただ授乳だけをしているよう求められる。自律性の剥奪は父権制の中核をなす原理であり続けた。人の女性が同じ原理のもとに支配されてきたことは歴史が物語る通りであり、その例は家制度や性別役割分業の風習から、生殖医療の発達、美容・健康産業による女性生活の商品化にまで至る。子孫を残す手段として、管理され消費されるべき身体として、女性たちはその能力・全人格性・自律性を否定されてきた。畜産業においてはこの女性支配の伝統が動物蔑視と結び付き、極度の不自由をもたらす拘束管理の方法論を形づくっている。私たちが自覚するか否かによらず、動物たちに向ける私たちのまなざし、動物たちに対する私たちの行ないは、父権制のイデオロギーを明瞭に映し出す。

子豚が生後21～23日を迎えると、母豚は再び種付けのために交配舎へと移動させられる。これが事実上の離乳となり、以後、母と子が顔を合わせる機会はない。分娩房に残された子豚たちはそれから数日後に育成舎へ移動となる。移動日には病気にかかっている子豚を選《よ》り分けて殺処分も行なうので、大量の死体が生じる。呼吸器障害などの病気が広がろうものなら、ひと月に数百頭が殺されることも珍しくない。

1週間に2、3回はいずれかの分娩舎から育成舎へと子豚たちが移される。台車に載ったカゴを壁沿いの通路に置いて作業は始まる。要領は取り上げと似ていて、囲いに散らばった子豚を保温箱に集め、通路のカゴへ移していけばよい。カゴは80×70×50㎝ほどで、そこに10頭前後の子豚を入れたのち、台車で外へ運び出す。分娩房前の通路から手を伸ばしたところに子豚たちがいれば、耳なり脚なり、掴めるところを掴んでカゴに入れていく。耳で持ち上げられた子豚は悲鳴を上げ、保温箱の縁に腹や足をぶつけながらカゴに落とされる。このやり方が気の毒だと思うなら、両手で子豚を掴んでカゴへ入れることもできる。そうすれば耳で持ち上げるときのような悲鳴は上がらない。が、これは腰に負担がかかる。スタッフのなかには腰を痛めて腰痛ベルトを巻く者もいた。そうなると両手で豚を抱えて移動させるのは容易ではない。腰をかばいながらゆっくり仕事を進められるのであれば別かもしれないが、移動作業を行なうスタッフは多くても10名に満たない。その人数で、90分ほどのあいだに、600頭から1000頭もの子豚を移動させる必要がある。両手で大事に子豚を扱うのは無理な注文だった。

子豚がカゴから離れたところに集まっている場合は2人1組になり、一方が分娩房に入って相方に子豚を投げ渡す。産まれたての子豚は軽々と投げられたが、育成舎に移す頃にはおよそ6〜8キロに成長しているので、軽々しくとはいかない。分娩房に入ったスタッフは片手で保温箱の縁をつかみ、片手で子豚の脚を掴み上げて力まかせにカゴのほうへ放り投げる。通路に控えるスタッフは、投げられてきた子豚を受け止めてカゴへ入れるが、次第に体力がなくなってくると、飛んでくる子豚がそのままカゴへ入っていくに任せる。カゴを壁につけておけば、バスケットのシュートよろしく、壁にバウンスした子豚がカゴへ落ちていくというわけである。もしくは飛んできた子豚を手ではたき

図1-14,15　育成舎への移動作業

落とし、カゴへ入れていく方法もある。

大きくなった子豚は放物線状ではなく直線状に投げられるため、しばしば分娩房の鉄柵に顔をぶつける。かつてJは飛んできた子豚を両手で受け止めようとしたことがあったが、はずみで鉄柵に手の甲をぶつけ、飛び上がるような激痛を味わった。顔をぶつけた子豚の痛みはそれ以上だったに違いない。次々と投げられる子豚たちはコンテナの中でバウンスし、折り重なっていく。全ての子豚が床に足をつけて立つことは不可能で、山盛りになった子豚たちの内、下敷きになった数頭は叫び声を上げる。しかしコンテナを覗いても下のほうは見えない。上に積まれた子豚はコンテナを脱して逃げることもあり、スタッフの中にはそうした子豚を逃すまいと平手でバシバシ叩く者もいた。移動作業を行なうときはいつでも豚舎に激しい悲鳴がこだました。

台車で外に運ばれた子豚たちは、それから育成舎のスタッフによって薬剤を打たれ、トラックで新居へ連れて行かれる。この注射を打つ際にも、山盛りのままでは打ちにくいので、注射が済んだ子豚を耳で持ち上げ、別のカゴへ移しながら作業を進める。子豚たちは注射の痛みと耳で持ち上げられる痛みからやはり悲鳴を上げるが、案の定、それを気にする者は誰もいないようだった。

エピローグ

Jはもう X 農場にいない。ここにいてもできることがない、と思ったのが辞める理由だった。自分がいても、無駄に動物たちを苦しめることしかできない。内部から状況を良くしていけないかとも考えたが、システムそのものに問題がある以上、働いていても何一つ変えられる気がしなかった。会社は動物たちのために実体性のある改善を図ることはなく、代わりに年1回、畜魂祭を催していた。神主が祝詞《のりと》を唱え、玉串を捧げつつ、動物たちの霊を弔《とむら》う。が、生きている動物たちの粗野な扱われ方を知る者からすれば、死んだ動物たちに対する厳粛な扱いはシュールにすら映った。これが命を大切にするということだろうか。

Jが見てきた物語はここまでであるが、分娩舎を去った豚たちのその後はほぼ見当がつく。養豚業のならい通り、母豚たちは再び交配舎で子を身ごもらされ、身動きができない妊娠ストールでの生活、そして分娩房での生活を繰り返す。子豚たちは育成舎で数か月を過ごしたのち、究極の過密にさいなまれる肥育舎で暮らし、やがて最期の恐怖を迎える。人間の思い通りに動かなければそのたびに殴られるだろう——とにかく決まった時間内に、決まった仕事が終わらなければならないのだから。豚肉に舌つづみを打つ人々のあずかり知らぬところ、消費者の視界と意識から遠く隔てられた生産現場の、あまりに普通と化した情景である。

脚注

＊1　「創世記」13章。

＊2　デビッド・A・ナイバート著／井上太一訳『動物・人間・暴虐史』新評論、2016年。

＊3　加茂儀一『日本畜産史——食肉・乳酪篇』法政大学出版局、1983年、218—23頁。

＊4　農林水産省「畜産統計調査 確報 令和4年畜産統計」。

＊５　日本ハム「ニッポンハムグループ 統合報告書　アニュアルレポート２０１６（２０１６年３月期）」https://www.nipponham.co.jp/ir/library/annual/ より入手可（２０２３年２月25日アクセス）。

＊６　Pig Progress (2013) "Sow stalls – a brief history," https://www.pigprogress.net/specials/sow-stalls-a-brief-history/（２０２３年７月31日アクセス）。

＊７　豚の感覚や感情に関する研究知見を整理した資料として、例えば、Elizabeth Rowe, " Sentience in pigs," Compassion in World Farming, 2019 を参照。https://www.ciwf.org.uk/research/species-pigs/pig-sentience/ より入手可（２０２３年７月31日アクセス）。

＊８　例えば佐藤衆介ほか著『家畜行動図説』（朝倉書店、１９９５年）を参照。

＊９　畜産技術協会「平成26年度国産畜産物安心確保等支援事業（快適性に配慮した家畜の飼養管理推進事業）豚の飼養実態アンケート調査報告書」２０１４年、９頁。

＊10　日本ハム株式会社（n.d.）「アニマルウェルフェアの取り組み」https://www.nipponham.co.jp/csr/human/animal_welfare/（２０２３年７月31日アクセス）。

＊11　畜産科学の発展については、A. Cheesbrough, "A short history of agricultural education up to 1939, " *The Vocational Aspect of Secondary and Further Education* 18(41): 181-200, 1966,DOI:10.1080/03057876680000191 および、

Will Thomas (2012) "Agricultural Colleges in Britain," Ether Wave Propaganda, https://etherwave.wordpress.com/2012/03/26/agricultural-colleges-in-britain/ を参照（２０２３年３月１日アクセス）。

＊12　畜産業における抗生物質使用の歴史については Kirchhelle, Claas. "Pharming animals: a global history of antibiotics in food production (1935–2017)," *Palgrave Communications* 4(96), 2018を参照。

*13 Kieth Fuglie et al., "Research Investments and Market Structure in the Food Processing, Agricultural Input, and Biofuel Industries Worldwide," United States Department of Agriculture, *Economic Research Service, Economic Research Report* 130, December 2011.

*14 Harvey Neo and Jody Emel, *Geographies of Meat: Politics, Economy and Culture*, Routledge, 2017, p.52.

*15 Karly N Anderson et al., "History and best practices of captive bolt euthanasia for swine", *Translational Animal Science* 6(2), April 2022.

*16 Steven Leary et al., "AVMA guidelines for the euthanasia of animals: 2020 Edition," American Veterinary Medical Association, 2020, p.40.

*17 例えばGiovanna Lastrucci (2021) "Five Extraordinary Facts About Pigs," Animal Equality UK, https://animalequality.org.uk/blog/2021/03/10/five-extraordinary-facts-about-pigs/ を参照（２０２３年7月31日アクセス）。

*18 Marjorie Spiegel, *The Dreaded Comparison: Human and Animal Slavery,* Mirror Books/IDEA, 1997, p.45-50.

*19 例えばFOUR PAWS International (2021) "Alternatives to sow crates: What more animal-friendly methods of farrowing are there for pigs?" https://www.four-paws.org/campaigns-topics/topics/farm-animals/alternatives-to-sow-crates を参照。また、Pig Progress (m.d.) "Crushing (Overlying)," https://

www.pigprogress.net/topic/crushing-overlying/ も参照（２０２３年7月31日アクセス）。

第2章　死にゆく雛鳥たち

プロローグ

思えば自分はブロイラーの一生を見てきた、とDは振り返る。孵卵場《ふらんじょう》で短期間の仕事を行なったのちに養鶏場へと移り、出荷や食鳥処理の仕事にも携わったDは、ブロイラーと呼ばれる肉用鶏の誕生から最期までを見届けてきたことになる。

それはしかし、あまりに儚《はかな》い一生だった。山奥の工場でひっそりと生まれ、いくつかの工程を経てトラックに積まれた雛鳥《ひなどり》たちは、養鶏場に立ち並ぶ巨大倉庫のような鶏舎へと運び込まれ、その薄暗い空間で見る見る大きくなって、2か月もしないうちに屠殺のときを迎える。鶏本来の寿命は

10年ほどで、生後5か月が人間の12歳に相当するというので、2か月以内に殺されるブロイラーはまだ幼子にすぎない。Dは今でも、屠殺場に出荷される鳥たちの声を思い出すことがある。それは人々が想像するような元気溢れる成鶏の鳴き声ではなく、ひよひよとかよわげに鳴く雛の囀《さえず》りだった。

生の管理

麓《ふもと》の町から直線距離にして5㎞ほどの、杉林に覆われた山の中に、その孵卵場はあった。曲がりくねった細い山道を車で走っていると、急に片側の木々が途切れ、道路脇を見下ろしたところに、波型の屋根を張った真っ白の小さな工場らしき建物が現れる。ひっそりとした佇《たたず》まいからは思いもよらないが、ここはブロイラー生産の最大手企業に属する事業所で、そばには同じ会社の種鶏農場や若鶏農場もある。田舎の山奥にこんな畜産ネットワークが隠れていることは地元民でも知らない。

Dはこの孵卵場で雛の選別作業を行なっていた。孵卵場での選別というと、卵用鶏の雌雛と雄雛を仕分けるそれが有名だが、ここはブロイラーを扱う施設なので、業務内容は売り物になる雛とならない雛を仕分ける作業だった。経験不問という求人票の文言通り、難しいことは何もしない。出勤したら更衣室で帽子と半袖の作業着を身につけ、選別室へ向かう。事務室を過ぎ、山積みになったコンテナが並ぶ廊下を過ぎると、コンクリート床の広い洗浄室に出る。奥には暗い一角があり、出荷待ちの雛を詰めて高く重ねられたコンテナの列が見えるが、選別室はその手前の、黄色いシャッターを上げたところにある。入って右手には流しと鏡があり、左手には青バケツと、デジタル式の秤《はかり》や消毒剤を置いた台と、大きなすり鉢状の機械が見られる。機械は2つの漏斗を重ねたような形状で、中心に穴が開き、周囲をドーナツ型のベルトコンベヤーが取り巻いている。ドーナツ型コンベヤーの上には、隣室から伸びる別のコンベヤーの先端が差しかかり、漏斗の下からはさらに斜め上へ向かって2本のコンベヤーが伸びている。一日の操業が始まると、これらのコンベヤーはひよこの行列に埋め尽くされる。

種鶏農場から届いたブロイラーの卵は、トレーに並べられてキャスター付きの専用棚に積まれ、大型金庫を思わせる前期孵卵機（セッター）へと運び込まれる。セッターの内部では自動制御によって温度が38度前後、湿度が約60％に保たれ、1時間ごとに棚のトレーが傾いて転卵、すなわち卵の回転が行なわれる。これは親鳥に温められる卵の状態を再現したもので、転卵を行なうのは胚が卵殻膜に癒着して死んでしまう事態を防ぐためである。さらにこの孵卵場では、鳥の感染症であるマレック病のワクチンも卵の段階で打たれていた。セッターに卵を入れて18日が過ぎたら、棚を取り出して卵をバスケットに移し替え、再び棚に積んで後期孵卵機（ハッチャー）へと入れる。それから3日後にハッチャーの扉を開けると、ピヨピヨピヨピヨピヨと絶え間ない鳴き声があふれ出て、バスケットの中を埋め尽くす黄色い雛たちが姿を現す。

雛たちは棚に詰め込まれた状態で別室へ運ばれ、数人のスタッフによって種鶏農場別にバスケットからベルトコンベヤーへと移される。この時点で孵化していない卵は廃棄となる。スタッフは雛の群れに紛れた卵を拾い出してバケツに捨てていき、やがてバケツは一杯になる。バケツの中では、孵化間近で動いている卵や、捨てられた後で孵《かえ》ったと思しき体の濡れた雛たちが混ざり合っている。そばを通りかかる者は、底のほうから沸き立つ幼い鳴き声を耳にせずにはいられない。バケツの中で孵化した雛たちは、そこをどこだと思うだろうか。

廃棄を免れた雛たちはコンベヤーに乗って直進し、隣の部屋へと流れていく。そこがDたちの働く選別室だった。選別室のスタッフは4、5名ほどで、ドーナツ型コンベヤーを取り巻き、そばに浅いコンテナを置いて控えている。隣室から運ばれてきた雛たちは、直進するコンベヤーの端まで来て、ボトボトと下のドーナツ型コンベヤーに落とされていく。途切れることなく流れ落ちていく雛たちは黄色い滝かと見まがう。ドーナツ型のコンベヤーは雛の奔流に満たされつつ、ゆっくりと回り続ける。Dたちは目の前を流れる雛たちを両手に摑み取って腹側を上に向け、異常の有無を確かめた。膨大な雛たちの中には病気の鳥や畸形の鳥もいる。両目はあるか、へその緒は閉まっているか、脚は二本で炎症を起こしていないか。問題なければその雛は漏斗へ投げ入れる。滑りやすい漏斗の中で踏ん張ることもできないまま、雛はするすると中央の穴へ落ちていき、やがてその下から伸びる2本のコンベヤーのいずれかに乗って次の工程へと向かう。時おり漏斗の途中でとどまる雛もいるが、次々に放られる他の雛たちに当たって結局穴へと落ちていく。スタッフは初めのうちこそ雛を投げ入れる作業に戸惑うこともあるが、先輩からは「投げ入れていいよ」と教えられ、来る日も来る日も何万という雛を扱うので、次第に何も感じなくなるようだった。

体が軽すぎる、脱腸を起こしている、羽や脚におかしいところがあるなど、何らかの問題が見られた雛は売り物にならないので、脇に置いたコンテナへ放り、廃棄しなければならない。作業に一区切りがついたら、コンテナを抱えて選別室の入口近くに置いたバケツのところまで運び、雛の数

写真 2-1,2　ドーナツ型コンベヤーに落とされた雛たちが、職員の手で漏斗に投げ入れられていく様子

を数えながらバケツの中へ捨てていく。ほとんどのスタッフはバケツの縁にコンテナを置き、5羽ずつ掴んでカウントと廃棄を行なっていた。バケツのすぐ上には淘汰羽数の表があり、各人は自分が捨てた雛の数を記入する。このデータはのちにパソコンで統計にまとめられる。こうした管理によって、どの種鶏農場からどれだけの卵が来たのか、そのうち何%が淘汰され、残りはどこへ行くのかなどが全て分かるようになっていた。この孵卵場の淘汰率は平均2%ほ

写真 2-3　バケツに押し込まれた雛たちの上に卵の殻が捨てられる

どであったから、1万羽の選別では200羽ほどが捨てられていたことになる。

捨てられた雛たちは初めのうち、バケツの底でヒヨヒヨと鳴いているが、選別が進んで嵩《かさ》が増していくと底のほうは見えなくなる。中はみっしり雛たちに満たされ、深く手を入れることはできない。上のほうの雛たちをよけると、埋もれていた雛たちは熱で蒸れてびっしょりと濡れている。もう動かなくなっている雛もいれば、目を開けられないまま力なく羽をばたつかせる雛、押しつぶされて顔が平たくなっている雛もいる。そこへさらにコンベヤーから回収された大量の卵の殻も捨てられる。一杯になったバケツはしっかり蓋をされ、冷凍庫に保管されたのち、レンダリング工場へ送られる。「産業廃棄物」となった雛たちの末路は、圧死か窒息死、もしくは凍死だった。

漏斗に落とされ、コンベヤーに運ばれていった雛たちは、カゴに詰め込まれて台車に重ねられる。その後、雛たちを積んだ台車は選別室の外に並べられ、出荷待ちとなる。卵黄の栄養を吸収している雛たちは、湿度を50％ほどに保って脱水を防いでおけば、しばらくのあいだは死なない。出荷用のトラックが来たら、雛たちは台車ごと荷台に収納され、養鶏場へと送り届けられる。苦しみに満ちたブロイラーの生活は、ここに至ってようやく始まりを迎えたにすぎない。

動物たちを取り巻く権力というと、食用とするためにその命を奪う死の権力を真っ先に思い浮かべるかもしれない。であればこそ屠殺行為は権力論の文脈でたびたび分析されてきた。しかし産業利用される動物たちの境遇に目を向けるなら、その《生》を統べる権力に気づかないわけにはいかない。出生、発達、健康、疾病など、動物たちの生物学的プロセスに絶えず介入を行なうことは動物産業の大きな特徴をなす。ブロイラーであれば、その生は卵のときから孵卵機の人工環境に置かれ、予定された日に同時的な孵化を迎えるというように、生産計画への完全な従属を強いられる。ただし、そこに働く権力は私たちが通常「権力」という言葉から連想するような、生を抑圧する装いを持たない。むしろ畜産業では屠殺のときまで動物たちを生きさせる必要があるので、くだんの権力は生の維持や向上を試みる。孵卵機の使用は孵化率を高め、ワクチン接種や衛生管理は鳥たちの健康に資する。ただし、それはより多くの動物たちを生み、養い、その身体から最大限の収穫を得るという経済的意図のもとに行なわれる企てにほかならない。動物たちの生はいまや偶然まかせではなく、資本の思惑のもと、知と技術の綿密な統制を受ける。生を統べるこのような権力を生権力といい、その集団管理の統治手法を生政治という。

生権力と生政治はもともと、フランスの思想家ミシェル・フーコーが、近代国家にみられる新しい権力の様態を指すために用いた概念だった。[*1] フーコーによれば、今日の国家は出産奨励や健康増進などの政策を通し、人々の生を巧みに統御して国富と国力の増強に役立てている。しかし同様の権力はそれよりも遥か以前から人ならぬ動物たちの身におよんでいた。むしろ「生産的」な動物集団をつくりだすという畜産の論理を人間集団に応用した結果が、近代国家の生権力だったとみるほうが正しい。[*2]

動物集団や人間集団を経済資源とみなして管理する発想は、女性を家の財産として管理する発想に通じている点で父権制の論理をも反映している。そもそも、畜産は動物たちの性と生殖を支配する家父長（ハズバンド）の営みであり、ゆえにハズバンドリーと称されてきた。その始まりは数千年前にさかのぼり、動物におよぶ生権力や生政治の歴史も同じ長さにおよぶが、20世紀以降に畜産科学やその関連諸分野が発達すると、人間は動物たちの生により深く介入することが可能となった。養豚でもそうであったように、これは母子関係の破壊や自律性の剝奪を伴う。

自然な行動が許される環境であれば、雌鶏はみずからの体で卵を温め、常に巣の手入れを怠らず、まめに転卵を行なう。孵化が近づくと卵の中の雛は鳴き始め、親子の会話が始まる。いよいよ卵が孵るときには、雛が卵を割る一方、親鳥がその手伝いをする。なかなか卵から出てこない雛もいるので、全ての孵化が終わるまでには2日ほどを要することもあるが、親鳥は卵の鳴き声を聞き、取り残される子がいないよう気を配る。晴れて全ての雛たちが孵ると、親子はすぐに連れ立って散策を始め、その過程で子らは互いの顔や親の顔、餌のありか、砂浴びなどを学ぶ。親鳥はその後も引き続き雛たちを天敵から守り、献身的に世話をする。[*3]

これとは対照的に、工業化した孵卵場では雛が孵ってもそこに親鳥の姿はない。雛たちは生まれたときから狭いカゴの中でひしめき合い、生存のための知恵を身につける機会も与えられず、経済的利益が見込めない体と判断されれば躊躇《ちゅうちょ》なく捨て去られる。他方、親鳥たちのほうは、本来ならば卵の世話をしているあいだ、産卵を行なわないはずであるが、種鶏農場では産んだ卵をすぐに回収され、混み合う環境の中、引き続き産卵のみを求められる。エコフェミニストのアンドレ・コラードは、母たる生きものたちを「単なる産む機械」へと変えるこのような行ないを「母殺し」と呼び、その技術を主として男性科学者らが開発してきたことを踏まえつつ、これを新たな父権的支配の様式として捉えた。[*4]生政治の技術は動物たちの孵化率や健康状態など、データ化されうる「生」を高めることに成功したが、それは意志ある存在を資源化する父権的論理にもとづくため、動物たちの幸福や充実には真っ向から敵対する発達を遂げた。

肉用鶏の到来

Dは日本ケンタッキー・フライド・チキン（KFC）に鶏肉を卸《おろ》すジャパンファーム傘下の養鶏場で働いた。周辺にはジャパンファームの養鶏場が20軒ほども点在し、Dは勤務中の異動でそのいくつかを見ている。地元には同じ会社の種鶏農場や食鳥処理場、さらには直売所もあるが、養鶏場はいずれも市街地を離れた田園地帯や山中に位置した。A農場は10棟ほどの鶏舎に約30万羽の鶏を囲い、B農場は20棟近くの鶏舎に約20万羽を囲うというように、施設の規模は養鶏場によってまちまちだった。屠殺場への出荷日によってブロイラーは大物と中物に分かれ、収容数も収容密度も異なる。例えば右のA農場であれば、鶏舎の大きさは1棟が大体90×20メートルで、中物ならば4万2000～4万6000羽、大物ならば2万9000～3万4000羽を収容する。密度は季節によって変わり、夏なら中物鶏舎が1平方メートルあたり約22羽、大物鶏舎が約16羽となる。中物のブロイラーは養鶏場に来て約35日後、大物は約50日後に屠殺場へ送られる。KFCにはこのうち、中物の鶏肉が出荷されている。

農場によって鶏舎の構造はまちまちであるが、おおよその特徴は共通する。縦に長く伸びた鶏舎の一つひとつには番号があり、正面に観音開きの扉、その両横と建物の側面には排気口が並んでいる。中は何もなければ広々とした空間で、壁面には換気扇が列をなし、天井には電灯のほかに数本のレールが並び、給餌器と給水器がぶら下がっている。給餌器は皿の上に釣鐘《つりがね》を載せたUFOのような形状で、機械操作によって上下移動ができ、鶏の飼養が始まると鶏舎外のサイロから自動で餌が送られてくる。給餌器の横には、つつくと水が落ちてくる給水器が備わっていた。

生まれたての雛が入ってくるのは、前にいた鶏たちが出荷されて10日あまりが過ぎた頃だった。肥育を終えた鳥たちがいなくなると、鶏舎の床に溜まった糞が取り除かれる。専門の業者によって鶏舎内の洗浄が行なわれ、続いて壁や天井や各種機材に消毒薬が散布される。床には別の消毒薬を吹きかけ、水で溶かした石灰もまく。綺麗になった床にはオガクズを敷いてさらに消毒薬をまき、給餌器を床に下ろすなどして雛の受入れ体制を整えたあとは、鶏舎を閉めきって燻蒸剤《くんじょうざい》での除菌を行なう。農場の防疫管理が特に厳しいわけではなく、スタッフは普段、出勤時に荷物を消毒し、鶏舎へ入る前に外用の長靴を脱いで中用のそれに履き替える程度のことしか行なわないが、新たに雛を入荷する際はこの大がかりな清掃と消毒の作業がある。これで全ての準備が整った。

孵卵場を旅立った雛たちが養鶏場に運び込まれることを入雛《にゅうすう》という。この日を雛たちのゼロ日齢とカウントする。したがって中物のブロイラーは約35日齢、大物のブロイラーは約50日齢での出荷となる。雌雄で成長速度に違いがあり、雄のほうが早く育つので、鶏舎によっては床を縦断するように低い仕切りを設け、雌雄を別飼いして雄を先に出荷する。雛が小さいうちは餌の場所などを覚えさせるために飼育エリアを小さくしてあるので、鶏舎には広い余白の空間ができる。やがて雛が大きくなれば仕切りの位置を変え、飼育エリアを広げていくことになっていた。

入雛日にはオガクズの上に紙を敷き、雛を詰めたカゴをひっくり返す。数時間で10万羽ほどの雛を移動させなければならないので、作業者がしゃがんで床にカゴを置き、やさしく雛を持って1羽ずつ敷き紙の上に載せていくなどということはできない。ジャパンファームの農場で働くスタッフはみな、立ったままでカゴをひっくり返し、雛たちを床に落としていた。40グラムほどの雛たちはボールのように転がり落ち、バラバラと紙の上に散った。

入雛して間もなく、淘汰が始まる。鶏舎に放たれた数万羽の中には様子のおかしい雛が混ざっている。孵卵場の選別で見落とされたと思われる羽毛の短い雛、嘴《くちばし》の曲がっている雛、首がおかしな方向に曲がったまま起きられずにいる雛、うずくまって辛そうに眼を閉じている雛など。こうした雛は、鶏舎に通っている給水用のパイプに頭を叩きつけるか、首をひねるなどして殺したうえで、

写真 2-4　入雛から間もない鶏舎の様子
このときはまだ空間に余裕がある

飼育エリアの外に投げ捨てておく。体が極端に小さい雛は、元気に走り回っていても充分な成長が見込めない。生かしておいても餌が無駄になるから早めに淘汰したほうがよいという考えのもと、そのような雛も見つけ次第、殺す。Dが見てきたかぎり、どこの農場でもやり方は同じだった。パイプに軽く叩きつける、あるいは首をひねるだけで雛が即死する保証はなく、意識を失うかも分からない。床に放り投げた後もしばらく動いている雛は少なくないが、息の根を止めるために何度も雛を痛めつけるのは気の進まない話に違いなく、そもそもスタッフは淘汰した雛が確実に死んだかを確かめてもいなかった。

雛が大きくなると毎日、死体回収業者がやって来るが、入雛間もないうちは数日に一度しか来ない。よってそれまでのあいだ、農場では死体をどこかに保管しておく必要がある。ある農場では、野外に置かれた大きな板張りのコンテナに死体を集めていた。スタッフは淘汰した雛を石灰袋に詰め、鶏舎を出る。しばらく歩いて階段をのぼると広い駐車場があり、その脇に人一人が余裕で入れるほどの黒いコンテナが置かれているので、スタッフは上にかぶさった板をずらし、袋の中身をそこに捨てていく。死体回収用といいながらも、コンテナの中には必ず何羽か生きている雛たちがいた。上部の板を取らずとも、中から鳴き声が聞こえてそれと分かることもある。カリカリと音がするので中を覗き込んでみると、弱った雛が爪を床板に擦りつけていた、などということもある。一度も叩きつけられずにそのまま捨てられる雛もいれば、叩きつけられてなお息があるまま捨てられる雛もいる。叩きつけられた雛たちは、内出血で顔一面が真っ黒になっていたり、充血で目を真っ赤にして鼻から血を流していたり、頭を腫らしてグーグーとうめいていたりした。野猫にとってこ

写真 2-5, 6　駐車場脇の死体回収コンテナ

こは御馳走のありかで、コンテナにかぶさる板がずれていれば、忍び込んで雛を襲うことがよくあった。残りの雛はやがて死体回収業者に運ばれていく過程で大量の死体に押しつぶされ、圧死か窒息死を迎える。それすら生きのびたとしても、最終的にレンダリング工場で粉砕される運命は免れない。

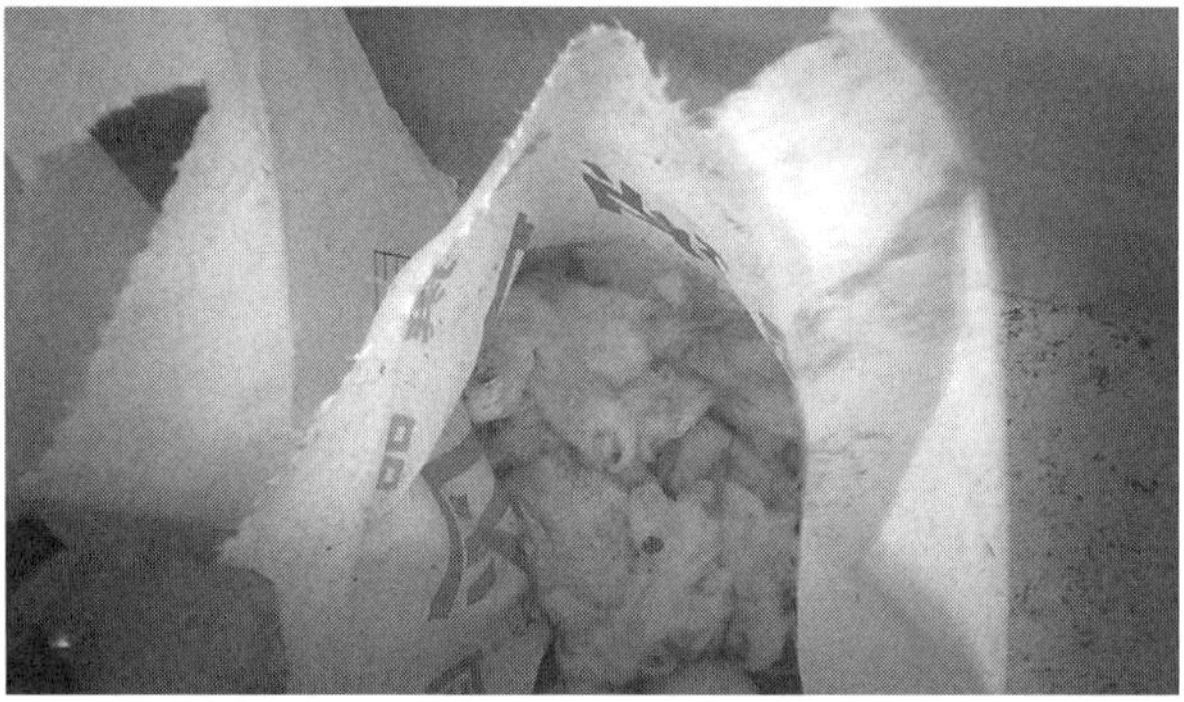

写真 2-7, 8　死体置き場の小屋と冷凍庫の中

　Dが働いた別の農場では冷凍庫が死体置場だった。並列する鶏舎を左右に臨む広い道を歩いていくと、少し離れたところに古びた物置小屋が立っている。扉を開けたところには上開き式の白い冷凍庫があり、中に雛を詰めた石灰袋が並んでいた。ここでも雛が生きたまま捨てられるのは茶飯事で、冷凍庫を開けると袋の中からフィフィフィフィフィ、とけたたましい鳴き声が漏れてくることもある。初めてその声を聞いたと

き、Dは驚いて雛を取り出したが、一緒にいた職員は「いいよ、そのうち死ぬよ」と言うだけだった。凍え死には苦しみを長引かせる。以後、Dは冷凍庫の中に生きている雛がいれば、見つけ次第、石段に叩きつけてとどめを刺すことにした。確実に瞬殺するには強く打ちつけなければならない。雛はベチャッと小さな音を立て、あたりに血を飛ばして絶命した。叩きつけは残酷なようだが、冷凍庫で雛が鳴いているのを放置するほうがDには耐えがたかった。

養鶏産業といえば、かつては採卵を主とするもので、肉はその副産物にすぎなかった。肉用の鶏を育てる試みは、古くは19世紀にさかのぼり、20世紀初頭にはアメリカのジョージア州で数百から数千羽の飼養が始まったとされる。業界誌『ブロイラー産業』は１９７６年の特集で鶏肉産業の50周年を祝しているので、産業的なブロイラー飼養の始まりは１９２０年代中期ということになる。[*5]事実、この時期にアメリカ東海岸のデルマーバ半島では市場向けのブロイラー飼養が行なわれ、１９２５年には5万羽、26年には１００万羽、28年には２００万羽というように、年間屠殺数が急上昇していた。人類学者のスティーブ・ストリッフラーによれば、これは一部の農家が不作などに左右される生鮮野菜の不安定な収入をおぎなうために始めた事業であり、デルマーバ半島周辺に手頃な食肉市場があったこともその支えになったという。[*6]１９３０年代には屠体の冷凍輸送が可能になり、市場が他の地域へ拡大する。とはいえ、当時はまだアメリカ人の鶏肉消費量は少なく、鶏肉産業は将来性も見込めないということで依然デルマーバ半島の地域産業にとどまっていた。

転機が訪れたのは第二次世界大戦中のことである。アメリカ政府はこのとき、牛肉や豚肉を兵士の食料に回したいとの思惑から、庶民に鶏肉の消費を促した。これによって鶏肉生産はデルマーバ半島の専売特許ではなくなり、南部を中心とする広大な市場が開かれる。タイソンをはじめとする大手の飼料会社は垂直統合を進め、自社が所有する雛を契約農家に育てさせ、処理・流通・販売・宣伝などを一手に担うようになった。これと並行して畜産科学の進展があり、ブロイラー関連の栄養学的・遺伝学的知見も増える一方、高生産性を誇る品種開発も進められた。かくして巨大資本と科学技術に支えられた今日的な産業構造が形づくられ、大戦中にブロイラーの「生産」量は約3倍に膨れ上がった。その後、1960年代には飼料大手がブロイラー「生産」の9割を占めるに至り、70年代にはついにアメリカで鶏卵の売上高を鶏肉のそれが上回った。[*7]

日本でも鶏は長らく採卵を目的として飼われ、産卵数が減った時点で食べられていた。19世紀末には卵肉兼用の名古屋コーチンのような品種がつくられ、都市部の消費者を狙った養鶏事業が始まったものの、生産量が少なく不安定でもあったので、肉も卵も高級品の時代が続いた。ところが戦後にアメリカから卵用の白色レグホンと肉用のブロイラーが持ち込まれると、生産性が高くバラツキもないということで、採卵業とブロイラー産業が分かれ、それぞれ専業化と大規模化を遂げた。[*8] おおよそ1960代のことであり、以後、大量生産によって鶏肉の価格は低下の一途を辿る。焼き鳥屋、居酒屋、それに少し遅れて登場したファストフード店は、この安い鶏肉を大いに利用して繁栄を迎えた。今日、鶏肉は日本で最も消費量の多い食肉となり、屠殺される肉用鶏の数は年間7億4000万羽近くにも達する。[*9] 日本の鶏肉自給率は6割超なので、輸入鶏肉を計算に含めると、日本人は1年間に11億羽ほどの鶏を殺していることになる。

量産体制

入雛してしばらくのあいだは、鶏舎の空間に余裕があり、雛たちは遊び回っている。変化に乏しい単調な環境だが、幼い雛たちは好奇心旺盛で、面白いことを見つけようと一生懸命だった。オガクズの中から藁《わら》のようなものを見つけ出すと、嬉しそうに口にくわえて走っていく。仕切りのプラスチックパネルに文字が書かれていたり、通気孔から差し込む光で地面が明るくなっていたりすると、皆でそこをつつきだす。仕事をするスタッフの中にも雛たちを可愛がる者がいた。初めのうちは雛に食事の場所を教えるため、オガクズの上に紙を敷いて餌をまき、音を立てて食べさせる。徐々にその位置を給餌器のほうへとずらしていくことで、やがて雛たちは餌の場所を覚え、補助なしで腹を満たせるようになる。こうした作業を通して雛たちと人間の関わりが生まれる。スタッフがしゃがみ込んで作業をしていると、雛たちが興味深げに寄ってくる。キラキラしたものが好きとみえ、作業中に腕時計のネジをつつく雛もいる。その目は大きく見開いて、強い好奇心を表していた。Dの同僚には、近寄ってくる雛たちに話しかけながら作業をする者もいた。入雛時の敷き紙はやがて回収するが、それを丸めて置いておくと、雛たちが早速つつき回り、我先にと上へよじ登る。この創造力あふれる幼子らにとっては、どんなにつまらないものでも立派な遊具へと変わった。

しかし、雛たちが遊びの工夫を凝らそうと、スタッフが愛着を抱こうと、ここは肉用鶏の飼養施設である。そこには達成されなければならない生産目標があり、限られた時間でこなさなければならない業務があり、予算と人員の制約もある。したがって雛たちの幸福を第一に考えての操業は土台無理な注文だった。

初めのうちは空間に余裕があるとはいえ、数万羽の雛たちが動き回る鶏舎で作業をしていると踏みつぶしてしまうことがよく起こる。それをしないよう摺《す》り足で歩くことにはなっているが、細心の注意を払っても踏みつぶすことは免れない。顔を踏みつぶされた雛は長靴の下でバタバタと苦しそうにもがく。腹を踏みつぶされた雛は尻から内臓を出しながらもその場を離れようとするかのように這いずっていく。スタッフはいちいち踏んだ雛を殺処分しないので、重傷を負った雛たちは長い時間をかけて死んでいくことになる。幼い雛たちがいる鶏舎では、いつでも内臓を出して死んでいる雛や死にかかっている雛がそこかしこに散らばっていた。

健康管理の一環として行なう体重測定も雛に負担をかける。測定は4日齢、1週齢、その後は1週間おきに出荷のときまで行なう。2週齢くらいまでは雛も小さく軽いので、囲いの中へ追いやって両手ですくい取り、10羽ずつバケツに入れて測りに載せる。測定後にはバケツをひっくり返すので、雛たちはまたも地面に転がり、折れ重なった。とはいえ、後述する3週齢以降の体重測定に比べれば、このときの扱いはまだ負担が軽いといえるかもしれない。健康管理ではほかに抗生物質の投与やワクチン接種もあるが、抗生物質はあらかじめ飼料に混ざっており、ワクチンは水に混ぜて投与するので雛の負担にはならなかった。

給餌器と給水器は雛の成長に合わせて徐々に吊り上げていく。そのほうが雛にとっても楽に違いなかったが、弱った雛や体が小さい雛は高い位置の給餌器や給水器に口がとどかず、摂餌摂水に苦労することになる。成長の悪い雛は鶏舎の一角で別飼いすることになっていたが、その選別は好い加減で、小さな雛を見つけては囲いの中へ放り投げるだけの作業だった。時おり「豆」と呼ばれる極端に小さな雛がいる。こうした雛は別飼いしても大きくなる見込みがないので通常は淘汰されるが、雛殺しをいやがる職員は小さな雛たちの囲いに「豆」も投げ入れていた。囲いのスペースは狭く、投げ入れられる雛が増えてくるとやがて過密になり、汚れもひどくなった。

幼い雛たちは体温調節ができないので、鶏舎を温かくしておかなければならないが、夏にはむしろ猛暑が問題になる。雛たちにとっての適温は30度前後とされる一方、7月頃には鶏舎が35度以上になることも珍しくなく、中に入ったスタッフはじっとしていてもたらたらと汗をかく。鶏舎の温度警告アラームが立て続けに鳴る日もあるが、作業者はアラームが鳴る設定温度を少し高めに変更して鳴らないようにするだけで、ほかに何の処置もしない。Dが出勤したある日は、6棟の鶏舎で警報が鳴り、そのうち1鶏舎が37度を超えていたこともあった。適切な温度に保てるエアコンがあればよいが、エアコンでは糞尿から生じるアンモニアや、鶏舎に漂う粉塵の処理ができそうになく、温度管理は換気扇で行なわれていた。数十台の換気扇のうち、回っているのはいつも数台ほどにすぎない。「在庫」羽数と平均体重を勘案したマニュアル通りの稼働数ではあったが、雛たちは口を大きく開けて喉と腹を波打たせ、激しくあえいでいた。足を長く伸ばし、羽を広げ気味にして、少しでも熱を発散させようとする姿もある。苦しそうな様子なのは見るからに明らかであるが、「ひよこのときは風が当たるのをきらう」「ひよこは弱い。昔はこうではなかったが品種改変でこうなった」「暑くても、ほかにどうしようもない」というのが経験者らの考えだった。

　雛たちが1週齢を過ぎる頃になると、鶏舎の照度は10ルクスほどに落とされる。人が部屋で生活するのに適した照度は300～400ルクスといわれ、10ルクスでは顔を見分けるのも難しくなる。鶏舎の中はぼんやりした黄色い照明に覆われるが、外から入ると暗闇に等しく、目が慣れるまで中の様子ははっきり見えない。こんなことをするのはほかでもなく、肥育効率を上げるためである。暗い空間で雛たちが不活発になれば、余計な運動でカロリーが消費されず、早く太らせることができる。事実、雛たちはこの頃からあまり動かなくなり、うずくまることが多くなった。


　のちにKFCへと改称されるケンタッキー・フライド・チキンの歴史は、1930年代のアメリカにさかのぼる。道路網が広がり、フォードやゼネラル・モーターズの自動車が台頭しだしたこの時期、ケンタッキー州の実業家だったハーランド・デーヴィッド・サンダースは、自身が経営するガソリンスタンドの物置きを軽食堂に変え、客への食事提供を始めた。1934年にはその一つでフライドチキンを販売する。サンダースは地元の有名人になり、「カーネル（大佐）」の称号を得た。KFCの店頭に立つ白髪の老人像はこの「カーネル」・サンダースをモデルとする。ちょうどホーメル社のスパムをはじめとする加工肉商品が市場に出回り、ホワイト・キャッスルやマクドナルドのようなファストフード店が立ち現れた時代である。

　第二次世界大戦が始まった頃、サンダースは圧力鍋を使った短時間でのフライドチキン調理法を考案し、1940年にはハーブとスパイスを調合した自社ブランドのフライドチキン・レシピを確立する。大戦を通してアメリカの製造業は飛躍的な成長を果たし、戦後は自動車産業のロビー活動を受けてアメリカ政府が道路網の拡大をさらに進めた。大衆はテレビ宣伝を浴びて自動車熱に浮かされ、ファストフード店はそれを追い風に成長を遂げつつあった。老年を迎えたサンダースはフライドチキンのレシピを他の外食店経営者に売り込み、その一人、ピート・ハーマンとフランチャイズ契約を結ぶ。ケンタッキー・フライド・チキンの名称はハーマンが考えた。以後、同社のフランチャイズ店は全米で数百を数えるに至り、60年代には海外進出も始める。日本では1970年、大阪万博に同社の実験店が出店され、数か月後には日本ケンタッキー・フライド・チキンの一号店が名古屋に開店した。

世界の鶏肉消費量が激増した背景には、ファストフード産業の成長と、そこで利用される加工肉の増加がある。かつて鶏は丸ごとの屠体で売られることが多く、処理に手間のかかる代物だったが、ファストフード店では調理済みの加工肉が使い捨て包装にくるまれて提供される。消費者は骨に付いた肉を噛みちぎるだけで、手も汚れず、後始末にも煩《わずら》わされない。1983年にはマクドナルドがチキンナゲットの販売を始めたが、これに至ってはもはや骨すらない。チキンナゲットは年間数十億ピースの売上げを誇る人気商品となり、マクドナルドはケンタッキー・フライド・チキンに次いで全米2位の鶏肉利用業者となった。80年代以降はファストフード店の世界展開に伴ってアジアの鶏肉消費量が急増しており、今日、世界の消費量は半世紀前の12倍超、1億2000万トン余りへと達している。[*10] 日本で殺される鶏の数は年間7億4000万羽近くと書いたが、世界では1年に740億羽近くの鶏が屠殺されている。[*11] 飼育の過程で淘汰・廃棄される鶏は、この数には含まれない。

環境悪化

雛たちが鶏舎に入って出荷の日を迎えるまで、床の敷料とされるオガクズの交換は行なわれない。さらさらしたオガクズがあるうちは、あちこちで雛が砂浴びを満喫するが、10日齢頃から床は次第に雛たちの糞を吸って固まり始める。2週齢頃になると、乾いたオガクズは鶏舎のところどころにしか見られなくなり、雛たちは砂浴びをしなくなって、床の上にじっと座ったまま、無為に日々を過ごすようになる。先述した通り、暗さも雛たちを動かなくさせる要因に違いなかった。

日が経つにつれ、糞はいよいよ厚く堆積し、床の状態は悪化する。さらに追い打ちをかけるのが給水器の水漏れである。鶏舎には数万羽の雛に必要なだけの給水器が並んでいるが、全て正常なことはなく、いつもどこかで水漏れが起こっている。付近の床はどろどろだった。ぬめりがひどい場所には敷料が追加されるが、機械で一気にまくことができる入雛前と違い、雛が入った後はカゴや石灰袋に詰めたオガクズを手作業でまくしかない。オガクズの入った重いカゴや袋を持って、雛に満たされた広い鶏舎を何度も往復するのは、スタッフにとっても楽ではない。充分な量をまくことはできず、せいぜいのところ間に合わせの応急処置である。そしてオガクズを足しても、床が元通りになるまでに長くはかからない。ぬかるんだ場所にいる雛たちは、立っては座り、立っては座りを繰り返す。座っていたくとも、糞尿で湿った床は不快に違いなかった。

床が固まり始めたら、大きなT字型のヘラで地面を掘り返す攪拌《かくはん》作業を行なう。この頃には雛たちも大きくなり、床一面を覆っているので、ヘラを使うのは危険であるが、気にしていたらこの作業はできない。Dの同僚たちはそばに雛がいてもお構いなしにざくざくと地面を耕した。雛たちはヘラに驚いて逃げたり、ヘラで持ち上げられてひっくり返ったりした。地面を掘り返すと、固まった敷料の下から乾いたオガクズが出てくる。するとそれまで地面に座っているだけだった雛たちは、我先にオガクズの上へ寄り集まって砂浴びを始める。オガクズに体をなすりつけ、羽を震わせる雛たちは生き返ったような表情を見せた。

しかしよいことばかりではない。攪拌作業の後は不自然な傷を負っている雛が見つかる。尾羽付近の皮膚が剝がれていたり、羽が鋭利に切れて血を流していたりなど、雛同士のつつきでこうはなるまいと思われる傷をみると、ヘラでの作業が原因であると考えるよりなかった。

加えて、地面を掘り返せばアンモニアを拡散することにもなる。Dはあるとき、試しにアンモニア測定器を使って「攪拌していないとき」「攪拌中」「攪拌後」などさまざまなタイミングで鶏舎のアンモニア濃度を測ってみたことがある。場所や風向きによって濃度にはバラツキがあり、何もしていないときでも0㏙、7㏙、12㏙、19㏙、28㏙など、かなりの幅があった。しかし攪拌をすると目に見えて濃度が上昇し、32、41、62、85、あげく134という数値も出た。人間生活の中で非常に強い悪臭とされるのが30～40㏙なので、鶏舎の濃度は桁違《けたちが》いである。さらに攪拌後もしばらく高い数値が続き、3時間後でも場所によっては52㏙を指すことがあった。

攪拌は地面がぬかるみになるのを遅らせるための作業であったが、むやみにアンモニアを拡散させるばかりで、床環境の改善にはほとんど役立たない。それは所詮、糞尿で固まった表面の汚い敷料と、その下の乾いた綺麗な敷料を混ぜ合わせるだけのことでしかない。乾いたオガクズもすぐに糞尿を吸って固まっていく。床を綺麗にしたければ汚い敷料を取り除いて新しい敷料を入れるのが道理であるが、それは物理的にも経済的にも考えられない。

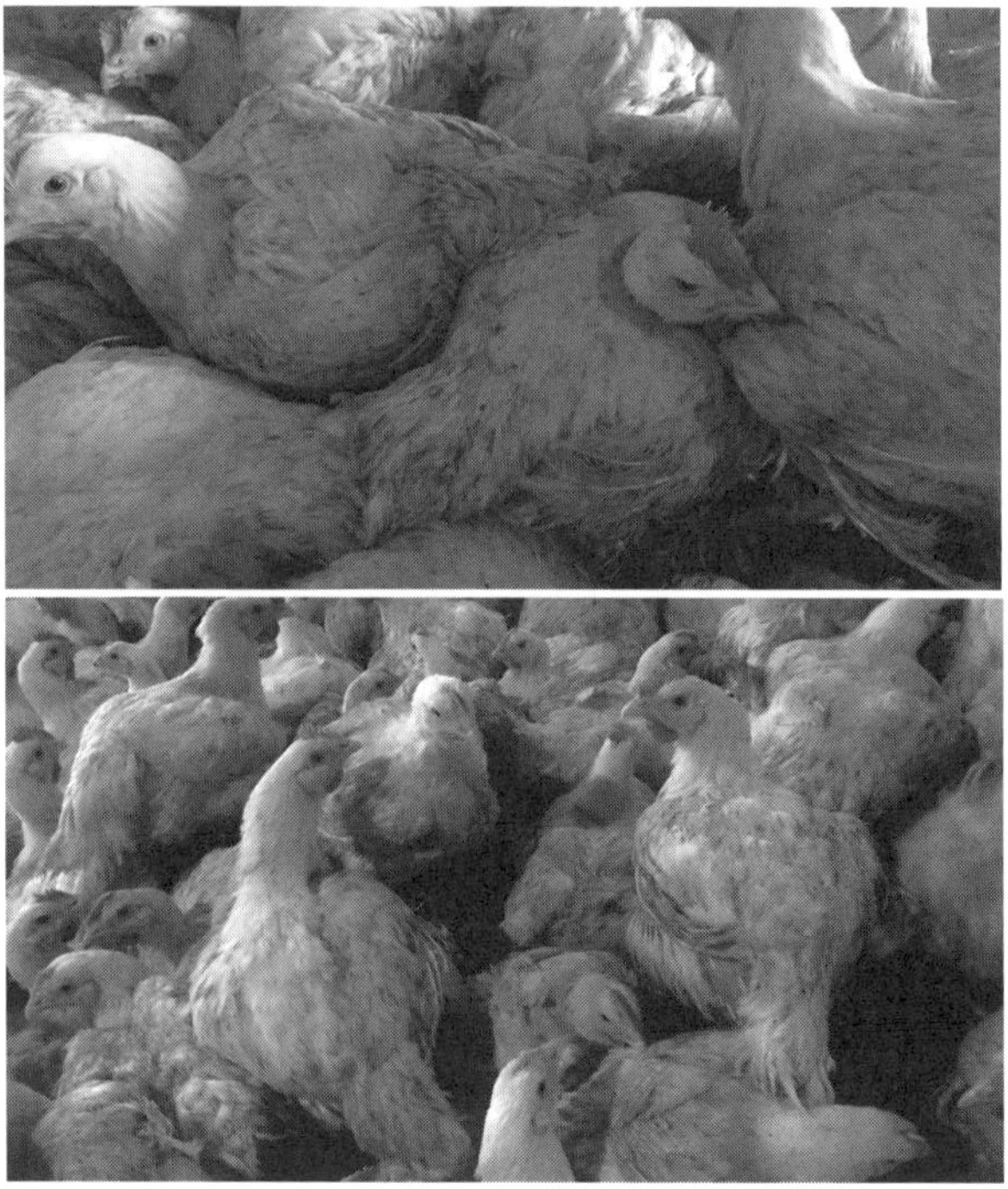
写真 2-9, 10　汚れゆく雛たち　羽の傷みも目立つ

　糞尿と悪臭に満たされた環境で雛たちは徐々に汚れていく。羽毛は茶色く染まり、腹には一面、汚い敷料がダマになってこびりつく。それでも雛たちは清潔を保とうと、尾の付け根から分泌される油をクチバシですくい、羽づくろいをすることをやめない。しかし汚物に満たされた空間では、どれほど懸命に羽づくろいをしようとその身が綺麗になるはずはなかった。

　床の状態が悪くなるにつれ、足

の裏には趾蹠《しせき》皮膚炎と呼ばれる炎症が生じ始める。Dは時間があれば死体を中心に雛たちの足の状態を確かめていた。それによると、3週齢を迎えた頃には雛たちの足裏に赤みがさし始め、4週齢を過ぎる頃にはどの雛の足も皮膚炎に覆われてカサブタ状になる。大物であれば痛む足で残り20日あまりのあいだを耐えなければならない。そのかたわらでは放置された雛たちの死骸が、腐乱して汚物だらけの敷料と混ざり合い、さらに床の劣化を進めていた。

監禁型の集約畜産が生んだ大きな問題に、有害物質の充満がある。畜舎には換気扇が設けられているが、動物の数に比して稼働数が少なく、デッド・スポットも多いため、充分な空気交換は行なわれない。加えて排泄物の清掃も間に合わないため、動物たちはみずからの糞尿の上で暮らすことになる。とりわけブロイラー鶏舎では入雛以降、排泄物が外へ運び出される機会がないため、数万羽のそれが床に溜まって層をなす。かくして鶏舎内は糞尿由来のアンモニアや、硫化水素、亜酸化窒素、一酸化炭素、および羽毛、粉塵、細菌などに満たされる。換気扇が不調をきたせば鳥たちに命はないが、換気扇に問題がなくとも鳥たちは汚染された空気にさいなまれる。人間はマスクなしで鶏舎に入れば目や肺を焼かれ、息が詰まる。鶏の呼吸数は人の約二倍なので、事態はより深刻である。

畜産技術協会が定める「アニマルウェルフェアの考え方に対応したブロイラーの飼養管理指針」で、鶏舎のアンモニア濃度は25㏙以下が望ましいとされているが[*12]、鶏や他の動物たちはそれ以下でもアンモニアの充満した場所を避けようとする。繁殖業者アヴィアジェンの資料によれば、アンモニア濃度が10ppmを超えると鶏たちの肺表面が損傷され、20ppmを超えると呼吸器疾患のリスクが上がる。[13]別の研究では、5ppmでも雛たちの呼吸器を守る粘膜が傷つき、呼吸器疾患リスクが高まることが確かめられている。[14]鶏舎のアンモニア濃度はそれよりも遥かに高い。鶏たちは肺鬱血《うっけつ》や眼病をわずらい、呼吸困難や視力低下の症状を抱える。視力低下が昂《こう》じて失明へと至れば、餌や水を得られず餓死もしくは脱水死を遂げることは避けられない。

高濃度のアンモニアはさらに免疫力を損ない、鶏たちを細菌やウイルスに対し脆弱にする。それでなくとも死体と糞尿が累積する不衛生な畜舎環境は病原体の温床として悪名高く、動物たちが抗生物質を与えられているために多剤耐性菌を発生させる一大原因ともなっている。鳥インフルエンザなどの感染爆発が起ころうものなら、鶏たちは「災害派遣」された自衛隊によって皆殺しにされる。近年の殺処分では従来のガス殺に加え、鶏舎を泡で満たして鶏たちを窒息死させる泡殺という手法も使われだした。

このほか、夏の鶏舎では熱射病による大量死の脅威が生じ、冬の鶏舎では換気量が減るので有害物質はさらに溜まりやすくなる。結露で床が湿ればアンモニア濃度が高まり、事態はなお悪化する。鶏たちにとってそこでの生活は病魔との闘いであり、文字通りのサバイバルである。経済効率だけを考えて設計された畜産システムの中で、動物たちは苦しみ生きることを強いられながら絶えず死の引力に引かれている。

急成長

3週齢頃から中物の雛たちは薬剤入りの餌ではなく、KFCの商品となるべく、ハーブ入りの餌を与えられる。体重は日に日に増し、雛たちは信じられないほどの速さで大きくなっていく。農場としては肥大すればするほどありがたい。肥育成績が良ければそれだけ鶏が高値で売れるので収益が膨らみ、職員の給与にも反映されるからである。ジャパンファームの農場では4日齢で2・5倍、1週齢で4・5倍に成長するのが望ましいとされていた。

雛たちにとって体の急成長は災難以外の何物でもない。初めのうちは鶏舎のあちこちで雛が給餌パイプを止まり木代わりに利用する姿も見られるが、間もなく体が肥大してそれもできなくなる。やがてほとんどの雛は自分の体を支えきれなくなり、数歩歩いては腰を下ろすようになる。成長とともに脚の悪い雛も目立ち始める。立つときは脚をハの字に広げ、歩くときは這うようにしたり、片脚を長く伸ばして引きずったり、ぐらついたりする。Dが見てきた雛は膨大な数にのぼるが、大きくなった雛たちは一羽として正常に歩いていないようだった。しかし農場の成績は総じて良かった。

制御も効かずに肥大を続ける体は雛たちの生活にも支障をおよぼす。脚が不自由になると餌や水を得るのも容易ではない。雛たちは動かない脚をひきずり、ばたばた羽を動かして給餌器に近づこうとする。給餌器や給水器は日に日に吊り上げられていくので、脚が悪い雛は次第に口が届かなくなる。それでも雛たちは体に弾みをつけ、伸び上がって水を飲もうとする。体が地面に付いたまま脚を動かせないでいる雛は、高くなってしまった給餌器の前で全身の筋肉を使いながら飛び上がる動作を繰り返していた。Dは時間があればそんな雛を膝に乗せ、水を飲ませることがあった。初めは警戒の色を浮かべる雛も、すぐに給水器をつついて頻《しき》りに水を飲み始めた。しかし無駄な延命は飢えと渇きによる雛の苦しみを増すだけだったので、満足できるまで水を飲めただろうというところで、Dは頸椎脱臼による殺処理を行なった。虫の息で横たわる雛を持ち上げると、長いあいだ同じ姿勢でいたらしく、床に接していた部分に褥瘡《じょくそう》のようなものができていることもあった。快適な環境に移すことができない以上、スタッフにできるのはなるべく素早くその命を終わらせることだけである。

脚が痛めば体の手入れもできない。鶏の足は人にとっての手の役割も兼ね備え、頭や顔の周りを綺麗にするためにも使われる。しかし体重が増えた雛は片足で体を支えることができない。Dが見かけたある雛は、眼のそばに付いた羽毛を取ろうと片脚を上げたが、1本の脚では重い体を支えられず、何度試みても結局羽毛を取ることができなかった。

ひっくり返って仰向けのままになっている雛もいる。脚が悪ければひっくり返りやすく、一度ひっくり返ってしまえばもう重い体を起こすことはできない。仰向けの雛たちは生殺《なまごろ》しの状態になり、やがて力尽きる。ひっくり返った雛は人の手で元の姿勢に戻しても、せんべいのように体が平たくなり、ガニ股でよろよろと歩くことしかできなかった。長く仰向けになっていた雛は、起こすと大きく口を開けてハァハァとあえいだ。地面に触れていた背中や頭頂、羽の付け根などは擦れて

写真 2-11　肥大した雛の姿　胴は大きいが首から上は幼いままである

肌が剝き出しになり、炎症やカサブタに覆われていた。もっとも、Dの感覚ではひっくり返った雛を起こして回るよりも、ひっくり返って死んでいる雛を拾って回ることのほうが多かった。

雛たちが育ってくると体重測定を行なうのも一苦労なので、扱いは荒々しくなった。バケツに入らなくなった雛たちは大きなカゴに入れて秤にかける。作業者は雛たちの片足を摑み、一度に5羽ずつ、計10羽をカゴへ移す。その状態で計測を行ない、終わったらカゴをひっくり返す。10羽を詰めたカゴは重く、スタッフは力任せにひっくり返すので、雛たちはいつでも地面へ転がり落ちた。ひっくり返した際に雛の首や羽がカゴの持ち手の穴に引っかかることもある。職員らはそんなときでもカゴを振って無理に雛を落とそうとした。Dの同僚に1人だけ、丁寧な扱いを心がけるスタッフがいた。鶏舎の中を歩くときにも雛を蹴らないよう気を付けるような人物で、雛をカゴに入れる際は一羽ずつ両手で移動させ、測定を終えたらゆっくりカゴを傾けて雛たちを戻していた。しかし農場長はそのやり方をじれったく思い、もっと早く作業を行なうよう発破をかけていた。やがて言われたほうも急がねばという思いから、他の職員と同じく、雛を手で払い落すようになった。ブロイラー農場で働いていれば、いやでもそのような扱いをしなければならなくなる。

雛たちは重い体のせいで運動に支障をきたすだけでなく、往々にして命を失う。Dも働いていたあいだに突然死を目撃することがあった。発作に襲われた雛は急にひっくり返り、七転八倒する。近くの雛たちは驚いて逃げ、取り残された雛は輪を描くようにもがきつつ跳ね回る。スタッフのあいだでは窒息だろうということにされていたが、実際、転げ回る雛は呼吸困難を起こしているようにも見えた。あえぐように首を伸ばして目をつらそうに固く閉じ、羽と足をばたつかせてもがき続けたあげく、やがて限界を迎えた雛は徐々に動きをなくし、息絶えていった。

動物たちの生に介入する権力、すなわち生権力の働きを如実に物語るのが育種の試みである。生に関する科学的知見を駆使しつつ、動物集団を生産の型枠にはめ込んでいくことが生権力の目標であり、その究極は遺伝子レベルで「生産的」な動物をつくりだす企てとなる。それは同時に、人間が他の動物の生殖と血統を管轄する家父長となることを意味した。

育種が専門産業となるのは18世紀のことで、嚆矢《こうし》に当たるイギリスのロバート・ベイクウェルは、牛、豚、馬、羊を使い、選抜育種や血統記録の方法を築いたことから「家畜育種の父」と呼ばれる。18世紀末から19世紀にかけては血統書や血統協会がつくられ、代表的な「家畜」品種が現れた。1780年にはイタリアの僧侶ラザロ・スパランツァーニが犬を使った人工授精に成功し、20世紀初頭にはこれが重要な育種技術として日本、ソビエト、デンマーク、アメリカなどに持ち込まれた。1930年代にはアイオワ大学の農学者ジェイ・ラッシュが統計学と遺伝学を組み合わせた動物改良の手法を提唱し、育種をアートではなく現代科学と位置づけた。ラッシュもまた「近代育種学の父」と称され、多数の「父」からなる科学者の系譜に名を連ねた。

1950年代に入り、分子生物学者のジェームズ・ワトソンとフランシス・クリックがDNAの二重螺旋《らせん》構造を発見すると、動物改良の試みはより精密度を増す。ジェイ・ラッシュの弟子であるラノイ・ヘイゼルや、その弟子チャールズ・ヘンダーソンは、選抜指数理論や最良線形不偏予測といった複雑な遺伝形質の評価方法を編み出し、動物の有用性——具体的には産肉能力——を表す推定育種価（EBV）の概念をつくりあげた。かくして、動物の遺伝子は経済的価値と結び付けられ、有用遺伝子の特定が育種学の使命となった。

初期の育種研究では主として牛や羊の改良が試みられてきたが、1940年代以降にブロイラーの育種も本格化する。アメリカ農務省は1946～48年にかけ、すぐれた肉用鶏の品種を競う「全米明日の鶏」コンテストを開催した。地域予選を勝ち抜いた40以上の農家が成果を競った結果、ニューハンプシャー種とコーニッシュ種を掛け合わせたチャールズ・ヴァントレスの交配種、ならびに白色プリマスロック種を改良したアーバー・エーカーズ社の品種が、それぞれ生体部門と屠体部門で優勝を果たした。今日の私たちが知る胸肉の大きな白色のブロイラーは、この2品種を起源とする。

当初、ブロイラーは身体的特徴をもとに、成長時の体重が大きくなるよう育種されてきた。しかしやがて成長速度も見逃せない要素とされ、生産コストを抑える意図から飼料効率も、さらに生産性の観点から産卵率や孵化率も重視されだした。良質とされる品種に求められる基準が増えたことで育種は複雑化し、先のヘイゼルやヘンダーソンが考案した高度な計算理論が使われ始める。育種はいまや科学専門家が担う研究開発となり、競争の過程で育種会社の吸収合併が進んだ。今日ではチャールズ・ヴァントレスの会社をもととするタイソン傘下のコッブ・ヴァントレス、アーバー・エーカーズをもととするアヴィアジェン、それにグループ・グリモール傘下のハバードが、ブロイラー育種の三強として市場を独占している。知と技術を投入した育種努力により、ブロイラーの成長率は飛躍的に高まった。1930年代には4か月で1キロ超に育っていた鳥が、今日では半分未満の期間で2倍から3倍の体重に育つ。同時に、鶏肉1キロあたりの生産コストは過去70年ほどのあいだに約5分の1へと減少した。[*15]

業界の成功とは裏腹に、育種を重ねられた鳥たちは多大な苦痛を負うこととなった。筋肉量が急速に増える一方、骨や心肺の成長がそれに追い付かないせいで、ブロイラーは数々の障害と疾患を抱える。重い体を支えられない脚はX脚やO脚などの変形をきたし、跛行《はこう》や歩行困難、さらには骨折によって起立不能へ至ることもある。人間も他の動物も、幼少期には成長板と呼ばれる軟骨が血液を供給されつつ骨を形成していくが、ブロイラーは急成長する体によって脛骨成長板への血液供給が妨げられ、異常な軟骨が形成されて関節の畸形や歩行障害が生じる。これを脛骨軟骨異形成症というが、その発症率は1960年代に1・2％ほどだったのが、1990年代には50％ほどにまで増加した。背骨を構成する椎骨《ついこつ》がずれて痺れや痛みを引き起こす脊椎すべり症という病気もブロイラーの典型的疾患となっている。こうしたことから、鳥たちが慢性痛に悩まされているのは察しの通りで、現にブロイラーは普通の餌と鎮痛剤入りの餌を与えられたら後者を食べたがることが実験で確かめられている。日齢が進み、体重が増すにしたがって慢性痛はさらに大きくなる。[*16]

急成長する体は心肺にも大きな負担をかけ、しばしば心不全や不整脈による死亡を引き起こす。成長を支えるために多くの食事が要される一方、脚の障害で満足な運動ができないため、ブロイラーは肥満がちになり、内臓の健康はさらに損なわれる。肺は脂肪と筋肉に圧迫されて充分な酸素を供給できなくなり、心臓はそれでも全身に酸素を送ろうと強く脈動するので、血圧が高まりに高まったあげく、血液の逆流が起こる。鳥が死ななければ、やがて血液成分は内臓に染み出し、腹部は黄色い液体に満たされて膨れ上がる。遺伝的問題と不健康な生活は鳥たちを腹水症に苦しむ体とした。[*17]日本では食鳥検査の過程で腹水症により全廃棄されるブロイラーの割合が、２００６年から２０１４年にかけて2・5倍に増加した。大学でブロイラーの研究をしていたという某養鶏場の職員は「肉がぶくぶく付くだけ、足はむきむきになって、生き残った大学のブロイラーは５キロ、最後はぶっ壊れまくった」と証言する。生産性のみを指標に「改良」されてきた鳥たちは、みずからの体に殺されているといっても過言ではない。

過密

雛たちが鶏舎にやって来たばかりの頃には空間に余裕がある。スタッフは雛を踏みつぶすこともあるが、声や帽子で追い立てれば幼い鳥たちはさっと散らばるので、中を歩くのは難しくない。しかし雛たちが育ってくると、次第に隙間はなくなり、スタッフが前へ進むことすら難しくなる。雛たちはそもそも体が重過ぎて動き回れなくなっているが、動けたとしても鶏舎には人をよけられるだけの空間がない。先述した通り、飼育密度は1平方メートルあたり10数羽を超える。そこで、作業者は雛たちを蹴ってかき分けながら群れの中を歩くことになる。雛の足を踏むことも避けられない。Dは作業のたびに雛の足を踏んでしまうのがいやで、どう歩けばよいのか悩んだが、ただゆっくり前へ進むしかなかった。とはいえ、雛に気を配ってのろのろ作業をしていては一日の仕事が終わらないので、足を踏んでしまう事態は結局のところ、完全には避けられなかった。

人が鶏舎を歩くたびに雛たちは怯える。人が鶏舎で作業をするたびに雛たちは蹴られ、足を踏まれ、逃げ場もない環境で右往左往する。人から逃れようと必死に羽ばたき、前にいる雛を飛び越そうとする雛もいる。Dは尻に引っ掻き傷がある雛をよく目にしたが、どうやらそれは逃げまどう雛たちが互いを足の爪で傷つけた痕《あと》のようだった。鶏舎に入るだけでも、雛たちは突然差し込む光に驚き、押し合いへし合いして互いを傷つける。スタッフの中には、鶏のストレスになるから鶏舎にはなるべく入らないほうがいい、と考える者もいた。

鶏舎へ入って歩くだけでも雛たちにとっては災難であるが、床の攪拌はさらなる脅威となる。へラで行なっていた攪拌作業は、雛たちが３、４週齢に差しかかる頃から耕耘《こううん》機を使うやり方へと変える。これは雛たちにとって非常に危険な方法だった。脚が悪い雛は耕耘機から逃げられず、回転する鎌のような刃に巻き込まれてしまいかねない。しかも作業者はしっかり攪拌できているか確かめるために足元を見ているので、進行方向への注意がおろそかになる。実際、農場の職員らはしばしば雛を轢《ひ》き殺していた。Ｄが作業をしていると、同じ鶏舎で耕耘機を運転する同僚が「ああ！」と大きな声を上げる。Ｄがそちらを見ると、同僚は巻き込まれた雛を掴んで飼育エリアの外へ放っていた。それから間を置かずして再び「ああ！」という叫び声が上がる。職員いわく、「耕耘機で巻き込むのはよくある話」だった。巻き込まれた雛はすぐに死ぬとはかぎらない。ある日、Ｄは耕耘機を入れたあとの鶏舎で隅にうずくまっている雛がいることに気付いた。近寄っても動こうとしない。皮膚が剝げているように見えたが暗くてよく分からなかった。ただうつむいて目をかたくつむり、大きな痛みに耐えているようだったのですぐに頸椎脱臼した。殺した雛を持って明るい場所へ移り、羽を持ち上げてよく観察してみると、体側の皮膚に大きな刺し傷のようなものが刻まれ、広い面積で皮膚が削がれていた。状態からして明らかに耕耘機の巻き込みが原因と思われた。

巻き込みは珍しくなかったが、農場のスタッフは平気で雛を殺していたわけではなく、対策を講じようとしたこともあった。しかし結局よい方法が見当たらず、轢くのは仕方ないということになっていた。「轢かれるほうが悪い」と皆で笑い合ったり、「どうせ轢かれるのは弱った鶏で、いずれ死ぬんだから同じだ」という気休めの言葉が出たりすることもあった。上司もまた、「弱った雛を巻き込んでしまうのは淘汰と同じ」「1羽だけの利益じゃなく全体の利益なので、犠牲になるのがいるのは仕方ない」との考えだった。2人1組で1人が耕耘機を運転し、1人が雛を追い払う方法もありそうなものだが、人員的に難しかった。

耕耘機での作業は雛たちに危険を突きつけるが、それに意義があるかというと極めてあやしい。飼育が始まって3週間も経つと、もはや床を掘り返しても新鮮なオガクズは出てこないので、雛たちにとって嬉しいことは何もない。在庫のオガクズも底をつくので、どろどろの箇所はどろどろのままになる。場所によってはぬめりがひどく、長靴で歩くと滑りそうになる。撹拌はそんな粘土状の敷料をこね回すだけで、一時的に水分を飛ばす効果はあるにせよ、Dの感覚ではその場しのぎにすらなっていないようだった。

密飼いは工場式畜産を特徴づける深刻な問題の一つに数えられる。畜産業界は純然たる資本の論理に則り、最小の投入で最大の利益を上げることに努めてきた。生産施設や機械類の維持管理費が一定であるなら、同じ空間でより多くの商品をつくれるほうがよい。この考え方を動物飼養に応用した結果が今日の畜産経営である（一方、同じ時間でより多くの商品をつくりたいという考え方は急成長を促す育種へと帰結している）。動物たちを畜舎に詰め込めば詰め込むほど業者の利益は大きくなる。密度が過剰になれば動物たちは弱り死んでいくが、死に過ぎない程度に詰め込んで出荷まで漕ぎ着ければ、死亡率は畜産物の売上げで相殺できる。生産過程で一定の「ロス」が生じることは畜産業者にとって織り込み済みの事態である。

ブロイラー鶏舎の密度は1平方メートルあたり約16〜22羽とされるが、すると一羽あたりの面積は広くても約600㎠（30×20㎝）しかない。鶏は立つだけでも480㎠、羽づくろいに1100㎠、羽ばたきに1300㎠ほどを要するので、[*18] 600㎠は生きものとしての最低限の活動すら許さない面積ということになる。ましてパーソナルスペースの確保などは望むべくもない。都心に通勤したことのある人であれば満員電車の混みようを知っているであろうが、ブロイラーはそれよりも劣悪な過密環境で数か月を生きなければならない。動けない体と動けない空間が相まって鳥たちのストレスは極致に達し、免疫力が弱ったところに不衛生環境由来の病気が追い打ちをかける。

日本の法規制のうち、度を越した密飼いを防ぐものとしては家畜伝染病予防法があり、その飼養衛生管理基準は第10項において、鳥の健康に悪影響をおよぼす過密状態での飼養を禁じている。しかしそこで目安とされる適切な飼育密度は、畜産技術協会のマニュアルが示す1坪あたり55〜60羽という数字であり、1羽あたりの面積は現状と同じく約600㎠にすぎない。つまり国の基準は単なる現状追認に終始している。どこまでが適切な密度で、どこからが過密かは、鶏の生理や生態に関する知識をもとに検討されているのではなく、業者や政府の思惑に沿って検討されている。したがってもちろん右の飼養衛生管理基準の遵守率は非常によく、密飼いの防止について「遵守している」と答えるブロイラー会社は全体の99％近くにのぼる。このように、何が動物にとって健康的な生活条件かということ自体が政治的に定義され決定されていく現象もまた、生政治の核心をなしている。

写真 2-12　もはや足の踏み場すらなくなった過密鶏舎の光景

出荷の時期が近づいてくると、Dは恐ろしい気持ちになった。残る日数で、さらにここは過密になるのか、と。出荷1週間前の時点ですでに限界の密度だった。鶏舎の中は海のように見えた。一面が雛である。汚れにまみれ、ボロボロになった羽に覆われた雛また雛。床を埋め尽くす鳥たちの輪郭は溶け合い、もはやどこまでが1羽の鳥なのかすら分からなくなっていた。死体を回収しようにも、雛たちの中に紛れて死体が見えなくなっていることもあった。

農場のスタッフは気を紛らそうとでもするかのように鶏の苦しみを軽んじることもあったが、密飼いの異様さは理解していた。事務室の会話では時おり会社の飼養方針に対する不満の声が聞かれた。「詰め込み過ぎ」「あんなに過密で鶏が健康に育つわけがない」「追い立てても鶏は行くところがないんですよ」「鶏がかわいそう。会社は過密飼育をやめろ」「（羽数が多くても）どうせ死んでしまうのだから羽数を減らしてほしい」など。中にはこの件について上司に疑問を呈したいと言う者もいた。

しかし少なくともDが勤務しているあいだに飼育密度を緩和した農場は一つも見られなかった。

死の蔓延

「そのうち鶏がたくさん死んで忙しくなる。死体回収だけで時間が過ぎることもあるから、暇なときはゆっくりしておこう」というのが、入雛時に時おりスタッフのあいだでささやかれていたことである。事実、死体の数は日に日に増えていく。鶏舎によっては1日に100羽以上が死ぬ。Dが覚えているのは、鶏舎を雌雄別に仕切ったうちの雄側で、3週齢頃から元気のない雛が目立ち始め、23日齢で死体が前日の3倍に増えた事例である。秋のことだったが、鶏舎の中はところどころ空気がよどんで暑く、雛たちは荒い息を繰り返していた。顔を腫らしている雛、炎症を起こして目が潰れている雛も多かった。汚物と毒物に満たされた不衛生環境、あるいは急成長と不健康な生活による疾患・負傷・衰弱がおもな死因と考えられた。翌日はさらに死体が増えた。鶏舎を視察した農場長は「500羽は弱っているのがいるだろう」と言い、毎日40羽を淘汰するようDたちに指示を出した。

雛が大きくなると殺し方も変わる。小さいうちは給水用のパイプに頭を叩きつけていたが、成長した雛に関しては首を持ってひねり殺す方法がとられていた。作業者は片手で雛の首を摑み、ヘリコプターのようにぐるぐると胴体を振り回す。名目上は頸椎脱臼による安楽殺ということになるのだろうが、両手に1羽ずつ雛の頭を持ち、振り回して床に投げ捨てるこの方法は、両手で1羽を保

図2・13　壁際に積まれた死体の山

定して行なう正しい頸椎脱臼よりも手っ取り早く、日本の農場では慣習と化している。しかし正しい頸椎脱臼で殺される鳥と違い、首を回されただけの鳥たちは羽と脚をばたつかせ、床の上で動き続ける。Dの観察では、自発的な瞬《まばた》きをしているように見えることもあり、その動きは意識なき痙攣というより、意識があるまま苦しんでいる様子にしか思えなかった。簡単に4、5回首を回すだけで鳥が意識を失い楽に死ねると考えられる根拠はない。そしていずれにせよ農場では淘汰した鳥の意識の有無は確認されない。床の上でバタバタと暴れる、殺したはずの雛たちは、そのまま次々と死体回収用のカゴに積み込まれていった。

鶏舎の中ではやがて汚臭と死臭が混ざり合う。淘汰と斃死《へいし》を合わせて、死にゆく鳥が1日100羽を超すようになると、死体を集めて鶏舎から出すだけでも時間がかかるので、死体は壁際に集め、あとでまとめて外に運び出す。雛は重くなっているので両手にぶら下げられる死体の数には限界があり、雛に埋め尽くされた中を壁際まで歩いていくのも容易ではない。そこでスタッフは離れた場所から壁際に向かって死体を投げていた。山積みになった死体はその後、トラックに回収されてレンダリング工場へと送られていく。

病死や淘汰と並んで、解剖もまた雛たちの脅威だった。Dが働いた農場では、病気の発生がないかを調べるために時おり解剖を行ない、すでに死んでいる雛を使うだけでなく生きている雛を殺すことがあった。作業者は数羽の雛を捕まえ、首を引っぱるなり捩じるなりする。解剖前の殺処理であるが、正しい頸椎脱臼ではなく、やはりそれで雛が死ぬのかは覚束ない。殺処理のあとも雛はしばらく動いているが、作業者は構わず解剖を始める。まずは両足を大きく広げ、腹の皮膚を切り裂く。続いて剝き出しになった内臓を指で広げ、取り出しながら、異常がないかを調べる。この間、雛は脚と羽を動かしている。解剖が終わり、脇へ投げ捨てられたあとでもなお雛の体は動いている。動いているからといって意識があるとはかぎらないが、意識がないともかぎらない。腹を切り開かれた雛が恐ろしい苦しみを味わいながら死んでいった可能性は誰にも否定できない。が、殺処理から時間を置かずに解剖すれば体温も分かるという理由で、この作業は雛の息の根が完全に止まる前から行なわれていた。

「生産的」な生の育成と「非生産的」な生の廃棄は生政治の表裏をなす。人々の生を高める福祉国家でさまざまな「弱者」の切り捨てが行なわれるように、畜産業では人の消費に適した動物を育てることがめざされる一方、その基準から漏れ落ちた病弱な動物や成長不良の動物は容赦なく死へ棄て去られる。もとより畜産業では言葉本来の意味でいう「健康的」な動物を育てることは目標とされない。動物たちはその身に商品価値を蓄えるかぎりにおいて生かされるにすぎず、これ以上を求めれば命を失うというぎりぎりのラインまで生産性を引き伸ばされる。つまり、人間ならば健康であることがすなわち「生産的」であるとされるのに対し、食用とされる動物たちは健康を壊すまでに「生産的」であることを求められる。かくして膨大な動物たちが人間の要請に耐えきれず、生産過程の中途で身体の崩壊をきたすことになる。求められる生産性を達成できなかった動物たちは、畜産業者にとって余計な経済的負担でしかないため、文字通り「淘汰」されなければならない。

この苛烈な生政治の暴力に歯止めをかける仕組みは、社会に存在しない。動物の扱いを取り締まる日本の法律としては、「動物の愛護及び管理に関する法律」、略して動物愛護管理法があり、これは理論上、畜産業の規制としても機能しうるが、同法の条文には畜産利用される動物たちへの言及がない――「産業動物」は、人間に飼育される動物の中で圧倒的多数を占めるにもかかわらず、である。同法は五年ごとに改正されるが、その改正をめぐる議論の中でも「産業動物」の扱いは全く問題にされない。多くの畜産業者は同法の存在を認知すらしていない。[*19]

動物愛護管理法は、動物虐待の罰則を定めた第44条において、「みだりに」動物を酷使・暴行・殺害すること、劣悪環境や危険環境に拘束すること、負傷や疾病の治療をせずに放置することを禁じている。同法を管轄する環境省は、「みだり」という言葉を「概ね正当な理由なく」あるいは「社会通念に照らして、妥当ではない場合」と定義している。[*20]しかしながら、法律を執行する行政は畜産業の知識を持ち合わせておらず、何がそこにおける「普通」の扱いなのか、何が「みだり」

な虐待なのかを判断できない。そもそも畜産施設は極度の不透明性によって監視の目から守られ、不適切な扱いが放任されやすい環境であるが、よしんば外部組織が問題を発見して警察等に訴えても、畜産業のことには口出しできない、あるいは中に入れないといった理由で簡単にしりぞけられてしまう。告発を行なっても検察はほとんどの場合、事件を不起訴とする。法律に則り、行政が畜産利用される動物の不適切な扱いを取り締まった例はほぼ皆無である。

２０１６年、動物擁護団体アニマルライツセンター（ＡＲＣ）に、畜産場の職員から内部告発が寄せられた。採卵農場で「淘汰」対象とされた鶏たちが、生きたまま焼却炉に放り込まれ、焼き殺されているという。ＡＲＣは調査を行ない、事実確認を行なったうえで県警に通報した。しかし警察は焼却炉の中に鶏がいるのを確認しながらも、農場主に対して口頭での指導をするにとどまり、指導を拒む農場主に対しては何もしなかった。ＡＲＣはさらに動物指導センターと家畜保健衛生所に対応を求めたが、両者とも簡単な農場訪問を行なっただけで問題を放置した。最終的に、殺処分の方法が改められないのであれば告発に踏み切る旨をＡＲＣが警察に伝え、再度の指導を求めた結果、焼き殺しは見直されることになったが、最初の通報からそれまでに1か月半もの時日が流れた。１９４９年に設立されたこの農場で、ペットボトルや弁当ゴミとともに焼却炉へ押し込まれ、生きたまま焼き殺された鶏がどれだけの数にのぼるのかは分からない。しかも農場の経営者らはこの件に関し、あくまで指導を受けたのみで、逮捕もされなければ罰金も課されなかった。[*21]

法律は畜産利用される動物たちを守らない。行政も動物たちを守る気がない。畜産業の世界は文字通りの「無法地帯」あるいは「例外地帯」であり、動物への配慮は生産の支障になるという考えのもと、どこまでもないがしろにされる。焼却炉での殺処分もジャパンファームの雑な淘汰もその表れにほかならない。動物たちの境遇改善を求める民間団体は、せめてもの措置として、動物愛護管理法に「産業動物」の取扱いに関する条項を設けること、「動物取扱業」に畜産業や屠殺業を含めること、苦痛を与えない殺処分方法を規定することなどを要望してきた。これらは畜産業のあり方を大きく変えるものではなく、ただ何でもありの現状を改めて一定の飼育管理基準を設けるべきだというだけの提案であり、何ら急進的ないし「過激」な要素を含まない。ところが関係省庁はその要望に取り合わず、今日に至るまで畜産業界を放任してきた。かたや動物擁護団体は消費者の楽しみに水を差す存在として世間の有象無象から憎まれ、嘲笑と罵倒を浴びせられている。作家も学者もジャーナリストも動物飼育の実態から目を背け、動物擁護に取り組む人々の粗探しに並みならぬ熱意を注いできた。[*22] 畜産業の動物虐待は社会ぐるみで支えられてきたというよりない。

最期の日々

出荷へ近づくにつれ、雛たちの受難は苛烈さを増す。体重測定もその一つである。出荷を間近に控えた雛たちは、出荷日を確定するための検証体重測定にかけられる。大物であればこのとき、雛は3キロにもなっている。鶏舎の中は限界まで過密になり、その中を、秤とコンテナと雛用の囲いを持った4名前後のスタッフが移動する。驚き逃げまどう雛たちをかき分けながらあちらこちらへ移動するのは、人間にとっても体力と時間を要することで、その分だけ作業は乱暴になる。職員らは秤を置くスペースをつくるために周囲の雛を蹴り飛ばし、これから体重を測る雛を囲いへ追い込むときにも蹴り飛ばした。雛をコンテナに入れるときは、片羽もしくは片足を摑んで押し込んでいく。コンテナの中でひっくり返っている雛もいるが、必要な羽数が入っていればそれでよく、逆さの雛を気にする者は誰もいなかった。測定が終わると、雛を詰め込んで15キロ近くになったコンテナを思いきりひっくり返す。コンテナから放り出された雛たちは一連の作業に怯えて激しく喘《あえ》いでいた。出荷前の雛は異様に太っているので、放り出されたときにひっくり返ってしまえば、起き上がれずにいつまでも足をバタつかせることになる。嵐のような作業に放心した様子で、じっと喘ぎ続ける雛もいる。足の悪い雛はコンテナから放り出されたあともその場を動けず、うずくまっているうちに上から次の体重測定を終えた雛たちが降って来て下敷きになった。検証体重測定のたびに、鶏舎には雛たちの悲鳴がこだました。

出荷が2、3日後に迫る頃には、1つの鶏舎で1日に200羽ほどの雛たちが命を落とすこともある。そして出荷までおよそ9~10時間を切ると、雛たちには餌止め、つまり断食という試練が課される。屠殺場で糞便汚染が起こらないよう、胃の内容物を消化させることがその目的であるが、急成長するブロイラーは大量の飼料を食べる必要があるため、餌止めは甚だしい空腹を味わわせる。雛たちは消化を促すために与えられる水だけを飲みつつ、数時間後の予想だにしない恐怖を待つ。

空腹の雛たちが寝静まった夜、ついに出荷作業が始まる。ここまで、鶏舎の鳥たちを「雛」と呼び表してきたが、実際、鶏は産卵を始める約150日齢までが「雛」とみなされるので、35~50日齢で出荷されるブロイラーたちは、いくら体が大きかろうと、雛に違いない。その雛たちを集めてトラックに詰め込む作業は、農場の人間ではなく、専門の捕鳥業者が行なった。農場の職員は出荷に居合わせないので、捕鳥作業がどのようなものかは分かっていないが、Dはジャパンファームに勤める以前、補鳥の仕事をしていた時期があった。その経験によれば、作業員らは車に乗り合わせ、夜中に農場へ入った。雛たちが激しく動き回らないよう、補鳥作業のときにも鶏舎の照度は落としたままにしておく。まずは長い鉄の棒を鶏舎内に敷き、コンテナを移動させるレールをつくる。レールの上には車輪付きの台車が載り、そこに雛が入ったコンテナを積んで入口のほうへ運び出す塩梅《あんばい》だった。レールを敷設する際も、雛を足でかき分けなければならない。邪魔な雛がいれば、蹴り飛ばすのも踏むのもお構いなしだった。

コンテナは正式名称を「生鶏篭」といい、上部が覆われ、その中央に雛を入れる長方形の穴が開いた構造をしている。捕鳥は文字通り雛を捕らえてこのコンテナへ押し込んでいく作業である。Dが携わったそれでは、1つのコンテナに6羽を入れていた。雛たちはこの時点で一羽残らず全身がぼろぼろになっているが、脚の悪い雛などは肉にして問題ないということでコンテナに詰め込まれる。ただし小さな鳥は規格外なので入れなかった。

1つの鶏舎には2万か3万、あるいはそれ以上の雛がいる。その雛たちを数人で一晩のうちに回収しなければならない。両手で雛を包み、やさしくコンテナへ入れていくことは時間が許さない。作業員は手当たり次第に雛たちの片羽を掴み、次々とコンテナに詰め込んでいく。1羽にかける時間は2秒程度で、6羽を詰めたらすぐに次のコンテナへと移る。コンテナの穴は雛の体よりも小さ

写真 2-14　生鶏篭に詰め込まれた雛たち

く、入れる際には足がつっかえるので、おのずと強引に押し込むことになる。雛が正常な姿勢で座れるかは問題とされないため、逆さに入ってしまう鳥も少なくない。そうした鳥はトラックに積まれ、屠殺場へ運ばれて死の順番が訪れるまでのあいだ、その姿勢のままでいなければならない。

コンテナに入るのをいやがって雛が抵抗するときは、上から叩いて首を引っ込めさせる。しかし蓋がとれたコンテナの場合は、雛が穴から首を出して周りの様子をうかがうこともある。その上に雛を積んで20キロ近くにもなった別のコンテナが投げ置かれるのだから危険きわまりない。Dは時おり、ピーイ、ピーイ、ピーイと、普通の鳴き声とは違う、長く引っ張るような声を聞くことがあった。声はしばらく続いて、はたと止まる。コンテナを積み重ねた際に首を挟まれた鳥が悲鳴を上げていたように思えてならなかった。

Dたちは鶏舎の中に散って黙々と作業を続けた。夜が白み始めた頃、残った雛たちは鶏舎の壁際に固まって網越しに外のほうを向いていた。初めのうち、Dはその様子を見て、外の世界に焦がれているのだろうと感傷的に捉えたが、仕事を続けるうちに、そうではないことが分かった。窓のない鶏舎でも、雛たちは人が補鳥作業をしているあいだ、壁際に群がってじっと壁面を向いている。雛たちは怖がっていたのだった。仲間が翻弄され、いつまでも悲鳴がこだまする環境の中、逃げ場のない幼鳥たちは身を寄せ合い、魔手が自分に伸びてこないことを祈りつつ、ただ息を殺しているしかなかった。

育種によって運動能力を損なわれ、監禁鶏舎によって逃げ場を奪われ、人間の腕力と技術力によってなすがままにされる雛鳥たちは、あらゆる抵抗の可能性を封じられた存在に思える。抑圧に苦しむ当事者を「被害者」とのみ捉えることは、くだんの当事者を受身の存在とみなし、その主体性を軽んじる態度だとしてしばしば批判されるが、絶対的な力の不均衡があるときに被抑圧者の主体性を強調すれば、それはむしろ抑圧の隠蔽となりかねない。抑圧する者は抑圧される者の抵抗を強引かつ巧妙に、何度もねじ伏せるのであって、その厳然たる支配と従属の構図を、被抑圧者の主体性なる概念のもと、対等な駆け引きの場のごとく描くのは欺瞞のそしりを免れない。人間は一方的に暴力を振るう者であり、動物たちはその脅威に抗《あらが》うすべを持たない。

しかしながら、絶対的な力関係を覆い隠すことなく、確かに存在する動物たちの主体性と抵抗を、別の視点から見据えることは、可能かつ重要である。動物たちは近づく人間から遠ざかり、掴まれれば悲鳴を上げ、己を拘束する手から逃れようと必死に暴れる。それは資本の思惑に逆らう抵抗であり、動物たち自身の主体性に支えられた振る舞いにほかならない。もちろん、動物たちは産業の構造も人間の意図も、それどころか自分がなぜその場にいて、なぜ苦しめられているのかすらも理解してはいないだろう。かれらはただ苦痛と恐怖から自由になること、生きのびることのみを願っているのかもしれない。それでも、それは確かに動物たちの意志に違いなく、人間の秩序に真っ向から異を突きつける。死の引力が支配している空間では、動物たちの生きる意志そのものが抵抗となる。恐怖が過ぎ去ることを願って鶏舎の隅にじっとうずくまるだけの振る舞いですら、幼い鳥たちが生きたがっている事実、その場を領する秩序に従いたくない事実を、これ以上なく明瞭に物語る。動物産業がどれほど平和な装いをまとい、どれほど幸せそうな動物像を描こうと、現実を生きる動物たちはその秩序を拒んでいる。そもそも、動物たちが無抵抗なのであれば拘束も暴力も必要とされない。抑圧の手法群は動物たちが抵抗するからこそ必要なのである。人間の強大な支配力のもとにその抵抗はことごとく抑え込まれてきたが、動物産業の設けた分厚い不透明性の壁を透かして、動物たちは今もなお、聞かれぬ声を発し続けている。

数万の鳥がいなくなってガランとした鶏舎には、小さすぎて規格外とみなされた雛たちが残され、隅に固まっている。翻弄される仲間の悲鳴を夜通し聞き続け、雛たちは怯えたように息をひそめて微動だにしない。全身は汚れに覆われている。床の敷料は今や汚く固まって砂浴びができる状態ではなく、方々が液状化してぬかるんでいる。そこに足の悪い雛が埋まって動けなくなり、餌皿から落ちた餌をついばもうと首を伸ばしている姿もある。レールを行き来する台車に挟まれたのか、脚が切れている雛、片羽が付け根からえぐれてちぎれそうになっている雛もいる。この雛たちは殺処分されるか、もうしばらく飼われて増量したのちに出荷される。Dたちは鶏舎に散らばる死体を集め終えると、生きている雛たちを殺処分対象と飼い直し対象に選別する作業を行なった。

飼い直す雛は鶏舎の片隅に集め、殺処分する雛はその場で殺す。Dの上司の言葉を借りれば、殺処分は「きちんと殺さないと可哀想だから」との理由で行なわれていたが、その殺し方は最も雛の苦痛が大きいと思える、例の首を振り回す方法だった。雛たちは近づいてくる作業者を恐れて遠ざかろうとするが、もとより体力はなく、体は異常に重いので、長くは走れない。よろよろの千鳥足で逃げてもすぐにへたり込む。それでも中には力を振り絞り、仲間の死体につまずいて地面を転がりながらも必死に羽ばたき逃げまどう雛たちがいる。しかし自由にならない体ではいかんともしがたい。人は歩きながらでも余裕で雛たちを捕まえられる。摑まれた雛はヒヨヒヨ、ヒーイと断末魔の叫びを響かせた。首をねじられても暴れる雛たちは、そのまま死体置き場に投げ捨てられた。スタッフは雛たちを捕まえ、ぐるぐる回しては死体置き場に投げ捨てる作業を繰り返す。逃げまどう鶏を捕まえ、ひたすら殺していく作業。このひとときだけで数百羽を超える雛が殺される。眼前に広がるのは、仰向けで足をばたつかせる死体の山、山、山だった。虐殺という以上に、この状況を言い表すのにふさわしい言葉はない。

飼い直される雛は1か所に集められるが、動かない雛は放り投げられるか蹴られるのが習いだった。軽く足で押しやるというようなものではなく、足が悪くて速く歩けない雛が思い切り蹴られるところをDは何度も目にした。集められた雛たちはトラックで別の鶏舎へ運ばれるが、積み込みの際は片脚や片羽を摑まれ、ゴミか何かを放るようにバサバサと荷台へ放り込まれる。野菜でもこんな扱いはしないだろうと思われた。トラックに連れていかれた雛たちは、今度は運ばれた先の鶏舎へ放り込まれる。スタッフはみな、雛の体の一部を摑んでは鶏舎側面の小窓から中へ放り込んでいく。ほんの少し小窓に近づき、腰をかがめて手を伸ばせば雛を放らずとも済んだであろうが、そんな手間をかける者はいなかった。

Dが勤めた雌雄別飼いの中物鶏舎では、先に出荷された雄の残りを雌側に移すこともあった。衰弱した雄雛や小さすぎる雄雛もたくさんいるが、多すぎて選別するのが面倒なときにはいったん雌側に移した。雌側の床もあちこちがぬかるみ、場所によっては小さな雛の足跡でも残るほどのどろどろになっている。オガクズを追加しようにも、この頃には既に在庫がない。いずれにせよ、雌も翌日には出荷され、数万羽を囲っていた鶏舎には成長の遅れた雛たちと死体の山だけが残される。

雌の出荷後、時には数千の雛が飼い直しの対象として残された。これだけの数になると、移動はさせず、同じ鶏舎で引き続き飼い直しを行なうことになる。雛たちは鶏舎に設けた小さな囲いへ追い込まれる。弱り果てているうえに捕鳥の後で怯えていることもあり、雛はなかなか動かないので、このときもスタッフは蹴るなり投げるなりして雛たちを囲いへ追いやった。強く蹴られた雛はサッカーボールのように飛んでいく。新人が手荒な扱いをためらっていると、先輩は「ほらみんなこうしてるでしょ。可哀想とばかりは言ってられない」と発破をかけた。

飼い直される雛たちは数日後に出荷されるが、それまでの期間にも斃死と淘汰で毎日多数の命が失われる。不適切な殺処理のせいで、多くの鳥が瀕死のまま苦しみ続ける。羽数が減り、飼育密度は低くなる代わりに、冬は鶏舎が寒さに包まれ、換気も減らされるので床は冷気によってさらに状態が悪化する。生きている雛たちも元気がなく、息苦しそうに口を開けて喘いでいる。時おり首を伸ばしてキュルルーと小さく鳴いたかと思えば、ぐすっ、ぐすっ、とむせるような声を出す。Dはその様子を見かね、鶏舎の後ろにわずかに残る乾いた敷料を持ってきて、どろどろの敷料と入れ替えたことがある。乾いた敷料といっても綺麗なものではなく、羽と糞と埃が混ざっていたが、雛たちはそんなものでも喜び、周囲から集まってそこをつつき、足で引っ掻き、砂浴びを始めた。農場長からは無駄なのでやらなくていいと言われたことだが、ヘラで地面を掘り返したときも、下から出てきた乾いたオガクズを見て、雛たちはどろどろの場所から集まり、そこに座ろうとしたり砂浴びをしようとした。

　飼い直した雛の出荷が翌日に迫ると、出荷をしやすいように雛たちを鶏舎の入り口付近へ移動させなければならない。スタッフはボード状の仕切りを持って並び、鶏舎後方から前方へと雛たちを追いやる。数名は空の袋を叩いて大きな音を出し、手前の雛たちを動かそうとするが、あまり効果はなく、うずくまった雛たちはまたも蹴り飛ばされることになった。仕切りを持ったスタッフも足元の雛を蹴るか放り投げるかしながら前へ進んでいく。時に人の隙間を縫《ぬ》って後方へ抜け出す雛もいるが、逃げる場はなく、それ以前に脚が言うことを聞かない。数歩移動しては座り込み、また数歩移動しては座り込んでしまう雛たちを、スタッフは気だるげに歩きながら回収し、鶏舎前方の囲いへと連れて行った。

　一斉移動がはかどらないときは、トラックの荷台に雛を積んで前方の囲いへ移すこともある。雛

写真 2-15　飼い直す雛を鶏舎前方へ追い込む作業

は片脚や片羽を掴まれて荷台に放り込まれ、降ろすときも同じ要領で囲いに落とされた。トラックは何度も前後を往復する。途中でスタッフが疲れてきたら、積み降ろしの際に荷台の片面を外し、砂を払い落とすように雛たちを払って一気に囲いへ投げ落とす方法に切り替わった。「このやり方だと早い」とスタッフは笑っていたが、投げ落とされた雛たちを見ると、ひっくり返ったまま起き上がれずに足をバタつかせている姿や、仰向けのまま既に力尽きている姿もあった。

飼い直された雛の出荷が終わった翌朝、ガランとした鶏舎の中には糞尿だらけでどろどろの床が広がっていた。よく見渡すと、あちらこちらに鳥たちの足だけが残されている。スタッフは屠殺場から戻って来たコンテナにあったものだろうと言っていたが——事実、屠殺場への移動時に雛たちの爪がコンテナに引っかかり、積み降ろしの際に足がちぎられる事態は珍しくないが——それにしては血の痕が生々しく、まだ水気を保っている。時には首が落ちていることもあり、ボロボロになった切断面を見るに、殺処理で誤ってちぎられたものとも見えない。顔半分の皮が剝がれているものもある。Dの見立てでは、これも出荷作業時にレールで轢かれた雛たちの残骸であるように思われた。レールは線路のような本格的なもので、その上を行く台車も重い鉄製だったので、巻き込まれた雛の体が切断されたのだとしても全く不思議ではなかった。

エピローグ

ジャパンファームの養鶏場で働いている最中に、Dは上からの指示で屠殺場の手伝いに行くことがあった。出荷した鳥の脚関節には、しばしばホックバーンと呼ばれる炎症がみられる。趾蹠皮膚炎と同じく、劣悪な床や過密環境のせいで生じるものだった。ホックバーンの雛が少数であれば屠殺場の職員だけで対処できるが、数が多いときは応援に出かけ、損傷した箇所の削ぎ落としを手伝わなければならなかった。

数人で屠殺場へ出向き、服を着替えて加工室に入ると、雛は既に原型を失っている。屠殺場に着いたブロイラーは、シャックルと呼ばれる掛け金に両足を吊るされ、一列になって解体チェーンを流れていく。大抵はその先で二酸化炭素ガスや電流による失神処理が行なわれ、喉切りと放血を経て死体となった鳥たちは、羽をむしりやすくするため熱湯に浸けられる——もっとも、屠殺場によっては失神処理を省略して意識ある鳥たちの喉を切ることもあり、喉切りを免れた鳥が熱湯で茹《ゆ》で殺されるケースも少なくない。命を断たれた鳥たちは次の工程で羽を剝かれ、首と足を切り落とされる。Dたちが目にするのはこの死体だった。
山積みにされた骸《むくろ》を見ると、そのほとんどに病状が見られた。「骨付きもも肉」になる大腿部の関節は黒いカサブタに覆われている。それを食べた消費者が、おかしな歯ざわりにクレームを付けることがあってはならないので、カサブタをあらかじめ取り除いておかなければならないのだった。Dは何も考えないように努め、黙々とカサブタを削ぎ落とした。一羽ずつ、ナイフでカサブタを削いでいると、膿《うみ》や鮮血が出てくることもある。腿《もも》を掴んで作業を続けていると、関節以外の異常もよく分かった。足が両側に大きく広がっている雛、ねじれている雛、腿の骨が折れている雛——いずれも毎日養鶏場で見ている雛たちに違いなかった。劣悪環境に置かれ、急成長に苦しみ、病気にさいなまれ、暴力に怯える日々を生き続けた、幼い鳥たちの最期の姿が、そこにあった。

脚注

＊1　Michel Foucault, *L'histoire de la sexualité Vol.1, Volonté de savoir*, Gallimard, 1976（ミシェル・フーコー著／渡辺守章訳『性の歴史Ⅰ　知への意志』新潮社、１９８６年）および *Michel Foucault, Il faut défendre la société. Cours au Collège de France 1976*, Gallimard/Seuil, 1997（ミシェル・フーコー著／石田英敬、小野正嗣『社会は防衛しなければならない』筑摩書房、２００７年）を参照。

＊2　例えば Richard Twine, *Animals as Biotechnology: Ethics, Sustainability and Critical Animal Studies*, Earthscan, 2015 を参照。

＊3　例えば Brian Barth, "The Inner Lives of Chickens: 5 Things You Never Knew About Your Beloved

Birds," *Modern Farmer,* 2016を参照。

＊4　Andrée Collard and Joyce Contrucci, *Rape of the Wild: Man's Violence against Animals and the Earth,* London: The Women's Press, 1988, p.110.

＊5　Karen Davis, *Prisoned Chickens, Poisoned Eggs: An Inside Look at the Modern Poultry Industry [REVISED EDITION],* Summertown: Book Publishing Company, 2009, pp.97-9.

＊6　Steve Striffler, *Chicken: The Dangerous Transformation of America's Favorite Food,* New Haven: Yale University Press, 2007, pp.32-3.

＊7　Striffler, 2007, pp.41-8およびDavis, 2009, pp.97-8を参照。

＊8　波岡茂郎『家畜はいずこへ――ある食肉恐慌論』講談社、１９８２年、１０３―４頁。

＊9　農林水産省（２０２１）「令和３年食鳥流通統計調査結果」https://www.maff.go.jp/j/tokei/kekka_gaiyou/tikusan_ryutu/tori/r3/index.html（２０２３年４月９日アクセス）。

＊10　Poultry World (2022) "The future of chicken: Poultry beyond 2050," https://www.poultryworld.net/the-industrymarkets/market-trends-analysis-the-industrymarkets-2/the-future-of-chicken-poultry-beyond-2050/（２０２３年４月11日アクセス）。

＊11　Hannah Ritchie and Max Roser (2019) "Meat and Dairy Production," *Our World in Data,* https://ourworldindata.org/meat-production（２０２３年４月11日アクセス）。

＊12　畜産技術協会「アニマルウェルフェアの考え方に対応したブロイラーの飼養管理指針」２０２０年、９頁。

*13　Aviagen, *Ross Broiler Pocket Guide*, 2020, p.38.

*14　Davis, 2009, p.113.

*15　ブロイラー育種の歴史についてはTwine, 2015; Davis, 2009ならびに次の資料にもとづく。Dominic Elfick, "A Brief History of Broiler Selection: How Chicken Became a Global Food Phenomenon in 50 Years," Sustainability, Aviagen International, 2015; Jennifer Mishler (2020) "Outgrowing the Chicken House: A Brief History of the Modern Broiler Industry," Sentient Media, https://sentientmedia.org/outgrowing-the-chicken-house-a-brief-history-of-the-modern-broiler-industry/（２０２３年４月11日アクセス）。

*16　Davis, 2009.

*17　Ibid.

*18　Davis, 2009, p.116.

*19　アニマルライツセンター（２０１８）「日本の畜産が抱える闇：畜産業の日常化した動物虐待10選」畜産動物たちに希望をHope For Animals、https://www.hopeforanimals.org/topics/10-abuse-in-japan/（２０２３年５月３日アクセス）。

*20　「衆議院インターネット審議中継」https://www.shugiintv.go.jp/jp/index.php?ex=VL&deli_id=50873&media_type=（２０２３年５月３日アクセス）。

*21　アニマルライツセンター（２０１６）「養鶏場　鶏を生きたまま燃やす」畜産動物たちに希望をHope For Animals、https://www.hopeforanimals.org/eggs/496/（２０２３年５月４日アクセス）。

＊22　例えば多和田葉子の小説『雪の練習生』や上田岳弘の小説『私の恋人』は、動物擁護に取り組む活動家を諷刺的に描いている。漫画家うめざわしゅんの話題作『ダーウィン事変』は、おとなしく暮らす「良いビーガン」と政治活動に携わる「悪いビーガン」を恣意的に分け、後者をテロリストとして描いている。人類学者の池田光穂は論文「エピクロスの末裔たち——実験動物と研究者の『駆け引き』について」で反動物実験運動を「劣情」に駆られた「門外漢」の暴走と見下し、自身のウェブサイトでも執拗に動物擁護へのバッシングを繰り返している。社会学者の立岩真也は人生最後の著作『人命の特別を言わず／言う』で、動物擁護への愚弄と嘲笑を書き連ねた。同様の例は枚挙にいとまがない。文人や学界人による動物擁護バッシングをまとめれば、それだけで一巻の本になる。

第3章　産まされ続ける雌鶏たち

プロローグ

初めに見た忘れられない場面は、雌鶏が生きたまま2階から落とされるところだった。もう卵を産まないと判断されたその鶏はケージから掴み出され、動けないよう両羽を背面で交差された。羽を強く捩《ね》じられた鶏は大きな叫び声をあげた。鶏はそのまま鶏舎2階の開け放たれた戸口から、3・5メートル下の地面に落とされた。Iが戸口から下を見下ろすと、地面には2つの死体回収コンテナが置かれ、同じく無用とみなされたボロボロの雌鶏たちが棄てられていた。

落とされた鶏たちは即死するわけではなく、他の鶏の上にバウンドし、羽交い絞めにされたままもがき続けた。下に降りて様子を見ると、鶏たちは落とされた衝撃でクチバシから血を流し、顔周りに点々と血を飛び散らせ、目を真っ赤に血走らせたまま生きていた。羽交い絞めを解くと、もはや死を待つだけの体で、鶏たちは安全な場所に逃れようとするかのように、先に息絶えた仲間の上を這いずった。

その後、Iは同じ光景を何度も見ることになるが、羽交い絞めにされる鶏たちはそのたびに大きな声で叫んだ。雌鶏がそんな悲鳴を上げることは滅多になく、激痛を訴えているのは明らかだった。Iにはそれが助けを求める声にも聞こえたが、助けはついに来なかった。

バタリー鶏舎

宮崎県の畜産企業ミヤポーは、県内に3つの採卵農場を有し、計30万羽ほどの卵用鶏を飼育する。Iが配属されたのはそのうち、約12万羽を囲うS農場だった。見渡すかぎり田畑ばかりの地に位置する農場は、都市部の人々と無縁の施設に思えるが、Iの確認した取引先の記録簿には全農やキユーピーの名があり、卵を食べる人々の多くはほぼ間違いなく同社の商品を購入している。S農場の敷地内には14棟の鶏舎があり、Iは6万羽を収容する高床式鶏舎を担当した。100×40メートルほどの大きな2階建て鶏舎で、上階が雌鶏たちの飼養空間、下階が排泄物の堆積空間となっている。階段を上った先には木造の通路が伸び、左手にはいくつかの戸口が開け放たれ、安全のためにネットが張られている。通路右手には卵を集める棚のような機械が並び、そこから奥へ向かって延々と、鶏たちを閉じ込めた檻の列が続いている。

写真 3-1　S農場の高床式鶏舎
右手に見える棚型の機械のすぐ向こうに雌鶏たちの檻が並ぶ

檻は金網製で、間口約21㎝、奥行き約38㎝、高さ約43㎝の空間に2羽の雌鶏を収容する。つまり1羽あたりの面積は20㎝四方しかない。鶏の出し入れができるよう、正面の金網は上にずらせる構造となっている。床はゆるやかな傾斜をなし、中の鶏が産み落とした卵は前方の集卵ベルトに転がってくる。この檻は採卵業で広く使われるバタリーケージと呼ばれるもので、S農場ではそれが3段に重なり、人の歩く通路を挟んで向かい合うように並べられていた。檻列のすぐ前には細い飼槽が渡され、日に4度、自動給餌が行なわれる。給餌機は人の通路をまたいで移動するアーチのような形状で、上に餌を詰めた4つの大きな漏斗が備わり、下に6本のパイプが伸びて、左右3段の飼槽にそれぞれ餌を流していく。飼槽の上には給水器があり、鶏たちが金網のあいだから首を伸ばしてそこをつつけば水が出てくる。機械仕掛けと金網に囲まれたこの環境で、鶏たちは屠殺までの短い生涯を過ごす。

卵用鶏は育雛《いくすう》農場から運ばれてきた。この世に生を享《う》けてから卵を産み始めるまでの期間、幼い鶏たちを飼養するのが育雛農場ないし育成農場と呼ばれる施設である。バタリーケージでの生活はこの頃から始まる。生後4か月ほどが過ぎて産卵を控えた頃に、彼女らは採卵農場へと移され、引き続き狭い檻での生活を強いられる。育雛農場から運ばれてくる鶏たちは、キャスターの付いた搬送用ケージに収められていた。搬送用ケージは中が縦6段に分かれ、それぞれ8羽、計42羽を収容する。1区画の広さは50×59cm、高さはわずか22cmで、鶏たちは身をかがめた姿勢のまま圧迫に耐えなければならない。採卵農場にこの鶏たちが到着したら、数名が搬送用ケージから鶏たちを掴み出し、数名がその鶏たちを受け取って次々にバタリーケージへ入れていく。掴み出すほうは鶏の片羽や片足などを捕らえ、両

写真3-2,3　バタリーケージ　下の写真では給餌機が飼槽に餌をまいている　その下に伸びているのが集卵ベルト

手に数羽をぶら下げて待機する。片羽で持ち上げられた鶏たちは大声で鳴いた。バタリーケージに入れる係は、鶏の首を入り口に向けてねじ込んでいく。鶏たちは人の手を逃れようと激しく暴れ、金網や飼槽に足をかけて檻に入ることを拒否する。作業はおのずと力ずくになり、周囲には抵抗する鶏たちの羽が散乱した。

バタリーケージで暮らし始めた鶏たちは、しばしば入口の隙間に足を挟まれ、逆さ吊りになる。Iは朝夕の巡回時にいつもそのような鶏を見かけた。檻の中には遊びになるものが何もない。単調な環境に置かれた鶏たちは、外からの刺激に激しく反応する。人が近づくと、鶏たちはパニックを起こしたように暴れ回り、ケージの金網をよじ登ろうとした。逃げようにも逃げる場所がないことで、恐怖は余計に大きくなっているようだった。一方、給餌機が近づいてくると、鶏たちはそわそわしてケージの中を上へ下へと動き回り、金網に足をかけて少しでも餌のほうに寄ろうとする。そうした行動が災いして、ケージのつなぎ目に足を挟んでしまうことは容易に想像できた。逆さ吊りになった鶏を見かけたら、Iは入口を開けて足を外したが、多くは体力を失い、突っ張ったままの足を動かすことは難しくなっていた。足を挟まれたまま死んでいる鶏も多かったが、足を外しても既に衰弱がひどく、数日後に死んでしまう鶏も少なくなかった。

足だけではない。ケージ入口の留め金に羽の付け根を挟み、動けないまま血を流している鶏もいた。また、ケージの上方で頭を挟んでいる鶏もいた。金網に足をかけ、上の網目から頭を覗かせた際に嵌まってしまうものと思われた。ある鶏はそうして首吊りになったまま、目を薄く開けていた。Iが触れても動けなかったが、頭を外そうとするとクチバシをパクパクと動かした。結局、頭

写真 3-4　足を挟まれた鶏　上に見える頭は同居する鶏

は自由になったが、その鶏は金網の床に横たわって荒い息を繰り返すばかりだった。翌朝の巡回で様子を見ると、既に息は絶えていた。

挟まれた鶏を早期に発見できればよいが、巡回にかける時間は朝夕それぞれ40分ほどで、その間に2名で6万羽の雌鶏を見て回らなければならない。単純計算すると、1羽にかけられる時間は5分の1秒。その際に給水器や集卵ベルトの状態も確かめ、餌をならすなどの作業も行なう。全ての鶏に異常がないかを確認するのは物理的に不可能だった。

金網の床も鶏たちを苦しめる。土の地面を歩き回ることができれば爪は自然と磨《す》り減るが、何もないケージでは爪が伸び放題になり、網目に絡まって足首をひねる原因になる。傾斜があるので鶏たちは爪先に力を入れて踏ん張らなければならず、じっと立っていると足が滑ってしまうこともある。場所を移動するときにも足が滑ってバランスを崩しがちになる。弱った鶏は踏ん張る力がなくなり、前のめりに倒れて飼槽と集卵ベルトの隙間に体を挟んでしまう。こうなると鶏自身にはどうすることもできず、羽の付け根を飼槽に押さえ付けられ、首を床に伸ばした形で弱っていく。人が助けようとしても、頑丈な飼槽に挟まれた鶏はなかなか動かすことができない。ようやく取り出すと、飼槽に押さえ付けられていた部分は皮膚が擦り剝けて痛々しい状態になっていた。ひどい場合は広範囲で皮膚が赤黒く変色し、カサブタのように乾いて固まっていることもあった。挟まれていた鶏は弱り果てているのが普通で、大抵は床に置いても足がきかず、立つことができなかった。それでもIが抱きかかえようとすれば、そうした鶏も身を守ろうとして何度もクチバシで手をつついた。

傾斜もさることながら、そもそも硬く粗い金網の上に四六時中たたずんでいることが鶏たちにとって苦痛のようだった。鶏たちは痛そうに足を浮かし、強いほうの鶏は同居するもう一羽の上に乗ろうとした。鶏本来の行動である順位争いがここでは災いとなる。上に乗った鶏は相方の背を引っ搔くように何度も何度も爪を滑らせながらバランスを取ろうとした。踏まれるほうの鶏は飼槽の下から頭を覗かせた姿勢で平たくなり、背を搔きむしられて赤黒い傷を負っていた。

S農場では時おり、朝のミーティングで「鳥詰め」の指示が出された。弱って卵を産まなくなった鶏を殺処分対象として外に出し、空いたところに別の鶏を移動して2羽ずつにしていく作業である。1羽だけのケージや空のケージがあると、そこだけ飼槽の餌が残ってしまうので、その対処に行なわれるのが鳥詰めだった。鳥詰めをすると弱いほうの鶏が踏まれて死亡が増えるので、スタッフは浮かない顔をした。実際、鳥詰め作業の後は床に這いつくばって力尽きる鶏が増える。

鶏たちは見る見る痛んでいった。育雛農場から運ばれてきたばかりの頃には綺麗に生え揃った

写真 3-5　順位争いの様子　下敷きになった鶏は傷つけられていく

真っ白の羽に包まれているが、やがてその体は汚れにまみれ、羽も擦り切れて地肌があらわになる。翼もぼろぼろになって、櫛《くし》のように並ぶ羽軸《うじく》が剥き出しになる。食事や摂水のたびに金網を擦る首元は羽毛がなかった。雌鶏たちは尾の付け根の尾腺《びせん》から分泌される油をクチバシですくい、羽の手入れをする。バタリーケージの空間ではやりにくそうだったが、ほころびゆく自分の体を癒すように鶏たちは懸命な羽づくろいを繰り返した。が、それでも羽は日ごとに抜け落ち、白い鳥だったとは思えないほど、その全身は茶色に染まっていった。

卵用鶏の集約飼育は20世紀の初期から中期に本格化した。早くも紀元前1世紀のローマには数十から数百の鶏を小部屋に収容する養鶏場があったとされ、集約飼育に通じる発想が太古の昔から存在したことを物語っているが、こうした例を除けば、世界の個人経営農家は小屋付きの開放型農場で卵肉兼用の鶏を飼うのが普通だった。変化が訪れるのは資本主義の発展によって生産性や効率性の追求が至上命令となり、それを達成するための技術基盤が整ったときである。アメリカやイギリスでは1930年頃に鶏の雛鳥や七面鳥のケージ飼育が始まり、続いて採卵を目的とする雌鶏のそれが実験的に行なわれ始めた。ミルトン・アーントはバタリーケージでの飼育法を確立した養鶏農夫の一人であり、そのモデルは既に傾斜付きの床や自動集卵機、糞尿処理のコンベヤーなどを備えた現代的なものだった。第二次大戦中は鉄が不足していたのでケージ飼育の普及が進むことはなかったが、このシステムは管理が楽なうえに大量生産方式で鶏1羽あたりの生産コストが抑えられるとの理由から、1950年代以降、欧米圏で急速に広まった。1970年代から80年代には巨大資本による農業支配の結果、数十万羽を飼養する大規模施設が台頭する。バタリーケージを使った集約飼育は世界の主流となり、1990年代には世界の雌鶏の7割超がこの檻で飼われるに至った。[*1]

生産者にとっては便利なバタリーケージであるが、鶏たちにとって良いことは何もない。ケージは2羽用、6羽用、8羽用などいくつかの種類に分かれるが、いずれも1羽あたりの平均面積は20cm四方ほどで、歩くことはおろか、羽ばたくことすらも満足にできない。不自由な環境は精神をも破壊し、鶏たちは頭を振り続ける、餌をついばむような動作を繰り返すなどの常同行動を呈する。外部刺激への恐怖も増幅され、その場を逃れようと暴れる結果、金網に体の一部を挟まれるなどしてしばしば怪我を負う。ケージの環境が不適切なことは実験でも確かめられており、金網の床と自然素材の床の選択肢を与えられた鶏たちは、それまでケージの環境しか知らずに育ってきたとしても、迷わず自然素材（土や木くず）の地面へと移動する。[*2] 何より、バタリーケージでは巣づくりができないので、鶏たちは産卵のたびに甚だしい動揺をきたす。動物行動学者のコンラート・ローレンツは、その苦痛を人前で排便を強いられる人間の恥辱になぞらえた。[*3] ストレスから鶏たちは互いを傷つけ、共喰いを始める。弱い鶏は同居する鶏の下敷きになり、圧死することも珍しくない。

生命に対するこれ以上ない暴虐の一つとして、卵用鶏のケージ飼育はいち早く動物擁護運動の批判対象とされてきた。1964年にイギリスの活動家ルース・ハリソンが著書『アニマル・マシーン』で工場式畜産の惨状を告発して以降、1970年代には同国やその周辺でバタリーケージ批判の声が高まり、やや遅れてアメリカでも同様の抗議が広まった。その甲斐あってヨーロッパ諸国やオセアニア諸国、インド、ブータン、メキシコ、カナダ、アメリカの一部州などではバタリーケージの撤廃が進んでいる。しかし世界ではいまだ8割以上の採卵農場がバタリーケージを使い、日本に至っては実に9割超の採卵農場がケージ飼育を行なっている。2021年には鶏卵大手アキタフーズの代表者が、ケージ飼育の改善を阻止すべく、農水大臣に巨額の賄賂を贈っていたことが明るみに出た。畜産業者は動物を家族のように大切にする、という神話とは裏腹に、この事件は業界が動物のために投じる金をどこまでも抑えようとすること、飼育環境の改善よりもそれを妨げる裏工作に金を投じることを如実に物語っている。

生殖搾取

S農場に勤めていたIは、足が不自由な雌鶏をよく見かけた。檻にしばしば足が絡まるせいもあるが、そもそも雌鶏たちの足は簡単なことで壊れるようだった。足を折った鶏はもはや立つことができず、ケージの中でうずくまったままになる。固まってしまった足を金網の隙間から長く突き出し、硬直している鶏もいた。ひっくり返って起き上がれなくなっている鶏もいた。そうした姿は全く珍しくなかった。Ｉがケージに近づくと鶏たちは驚いて暴れるが、足を壊した鶏は動けないまま首だけをキョロキョロと動かし、眼を見開いて怯えたような様子をみせた。そうした鶏は飼槽や給水器のところまで首を伸ばすのも難しい。日数が経つと衰弱が進み、摂餌や摂水の努力すらできなくなる。それでも、死ぬ間際まで彼女たちは意識を失わない。ある鶏はうつ伏せになった姿勢で目をかたく瞑《つむ》り、クチバシの先から液を垂らしていた。死に瀕していたが、Ｉが近づくと気配を察し、目を閉じたまま警戒するように頭をもたげた。またある鶏は自力で餌や水を得ることができず、飼槽の下から首を出して、動かなくなった足を突っ張っていた。Ｉがペットボトルのキャップに水を入れて口元に近づけると、何度もクチバシの先端をつけて水を飲もうとした。しかるべき治療を施せば生きられたかもしれないが、どうしようもなかった。Ｉは水を飲み終えたところでその鶏をケージから出し、頚椎脱臼を行なった。羽を激しく痙攣させたのち、動かなくなった鶏は飲んだばかりの水をクチバシの先から垂らした。

さらに痛々しかったのは卵管や内臓が飛び出した鶏である。Ｉはこのような鶏を無数に見てきた。産卵の失敗で卵管脱を起こしている鶏、さらには卵を産み落とせず、外へめくれ返った卵管にぶら下げている鶏もいた。ある鶏は総排泄腔から内臓が飛び出し、壊死《えし》を起こしていた。羽を逆立て、目を瞑り、背を丸めてうなだれるその姿は、想像を絶する苦しみを訴えていた。卵管脱や腸脱、総排泄腔脱を起こした鶏たちはもう座ることができない。座ると外へめくれた内臓が床に擦《す》れてしまうからである。内臓脱出を起こした鶏は座るに座れず、ペンギンのような姿勢でじっと目を閉じていた。眉間に皺《しわ》を寄せて痛みに耐える人間と同じ表情だった。脱出に苦しむ鶏たちは例外なく死んでいった。死体を取り出して初めて内臓脱出に気づくこともあった。ある鶏は飼槽の下から顔を出し、金網に横たわったまま力なく口を開けて息を継《つ》いでいた。しばらくすると空気が足りないのか、大きく口を開けて喘《あえ》ぐようになり、そのうち体全体を何度か大きく震わせた。貧血で色が抜けてしまった鶏冠にはダニがうごめいていた。2分ほどにわたり痙

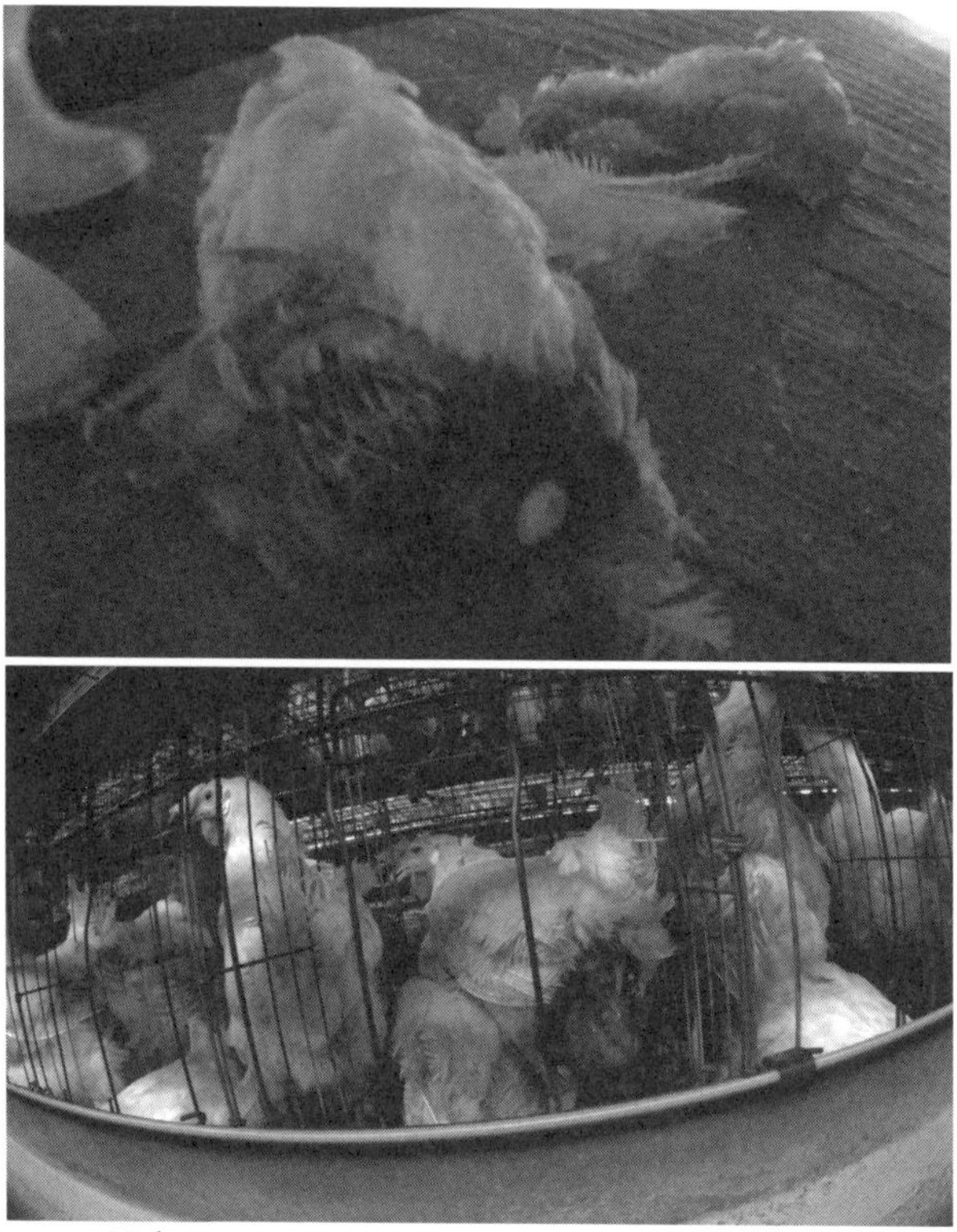

写真3-6,7　卵詰まりを起こして死亡した鶏と、脱出した卵管に卵をぶら下げている鶏

攣を繰り返したのち、その鶏は薄目を開けたまま動かなくなった。息絶えた鶏をIが取り出してみると、総排泄腔から血だらけの内臓が飛び出していた。羽は茶色に染まり、伸び放題の爪は２cm近くにもなっていた。抱き上げた体はとても小さく、軽かった。

鶏は今からおよそ４０００年前に飼い馴らされて以降、おもに愛玩用や闘鶏用として育種を重ねられ、多様な品種に分化した。食用品種の開発は近代以降に始まり、19世紀にはイタリアのトスカーナ地方で白色レグホンが誕生する。産卵能力に優れた白色レグホンはやがてアメリカに、続いてイギリスに持ち込まれ、多数の農場で利用されだした。それから純系育種の全盛期が訪れ、卵用や卵肉兼用の品種もつくられるが、遺伝学の発展を背景に交雑育種が主流となり、純血種では達成できなかった高生産性を誇る品種の開発が進められた。今日ではハイライン・インターナショナル社を筆頭に、少数の育種大手が純血種を保有し、交雑種の卵用鶏を生産者に提供する体制が整っている。肉用鶏と卵用鶏は全く別の生きものになった。前者は驚異的なスピードで成長する一方、後者は驚異的な量の卵を産出する。鶏の祖先である野生種の赤色野鶏《せきしょくやけい》は年間10個程度の卵を産むのに対し、産業用の卵用鶏は年間３００個前後もの卵を産む。加えて生産サイクルの短縮を追求する資本主義的観点から、産卵の開始時期も早められ、かつて６か月齢で卵を産み始めていた鶏が、現在では４か月齢で産卵期を迎える体になった。

ブロイラーと同様、育種は卵用鶏の身体に苦痛の種を植え込んだ。鶏は体内のカルシウムを使って卵の殻を形成する。したがって１年に３００個前後という、自然ではありえない数の卵を産む卵用鶏は、カルシウムというカルシウムを奪い取られ、重度の骨粗鬆症《こつそしょうしょう》や骨軟化症になってしまう。自由な運動を妨げるバタリーケージの環境も相まって、彼女らは頻繁な骨折に悩まされる。さらに産卵期が早められ、小さな未成熟の体で大きな卵を産み続けるようになった雌鶏たちは卵管や内臓の脱出を起こしやすくなった。剝き出しになった臓器は同居する鶏につつかれるが、バタリーケージの中では攻撃を避けることもできない。かくして産卵に失敗した鶏は脱出した臓器をつつかれる激痛にさらされ、その傷が原因でしばしば感染症を患い、苦悶のうちに死を迎える。雌鶏たちの苦しみは人間によってつくり変えられた身体そのものに内在している。したがってこの問題は平飼いであろうと放牧であろうとなくならない。

動物たちの性と生殖を管理する畜産業の父権的性格は、生殖能力の搾取において最も露骨な姿を現す。繁殖用の動物たち、酪農業で利用される雌牛たち、採卵業で利用される雌鶏たちは、動物産業が欲する「商品」の提供者として、出産に次ぐ出産を強いられる。父権制文化は女性的身体を資源化することに明け暮れてきた。これは人間女性の搾取と動物搾取を結ぶ共通の原理である。結婚制度は女性たちの性と生殖を財産化し、男系家族の支配下に収める手段だった。性売買、代理出産、メールオーダー花嫁ビジネス等は、女性たちの性と生殖を商品化し、経済的強者の男性らに従属させる。そして動物産業は雌動物たちの性と生殖を商品化し、人間社会の快楽と繁栄に供する。フェミニズムの文脈ではときに、父権制のもとで女性たちが「家畜」や「奴隷」の扱いを受けてきたといわれるが、産業利用される雌の動物たちは文字通りの「家畜」として、生殖奴隷の扱いを受けている。

加えて、父権制文化は支配者が決めた役割のみを被支配者に強い、それを超える主体性の発揮を被支配者に許さない。代理出産を担う女性たちが産む役割だけを求められ、子を育てる「母」の役割を奪われるのと同様、動物たちは子や乳や卵の産出を求められるのみで、母としての営みをことごとく奪われる。卵用鶏は膨大な卵を産むにもかかわらず、そのただ一つたりとてみずからの体で温めることを許されない。妊娠ストールの豚や繋ぎ飼いにされる乳用牛と同じく、彼女らは文字通り単なる子宮として、子を産む手段として存在することを強いられる。

産む身体を搾取する産業において、産まない体、産めない体が棄て去られることも見落としてはならない。酪農業者や採卵業者にとって、雄の動物は次世代の動物を産む精子提供者としての役割しか持たない。したがって優良な「種雄」を除き、雄動物たちは生後すぐに処分される。卵用鶏と肉用鶏が分かれていない時代であれば、雄は食用として飼養されるか、愛玩用として売買される運命にあった。卵用鶏と肉用鶏が分かれた今日、雄の鶏は肉用としても適さないとの理由から、雛のうちにシュレッダーで粉砕されるなどして「産業廃棄物」になる。他方、産まない体を棄て去る思想は雌の扱いにも反映されており、病気や加齢によって産卵率が落ちた雌鶏はためらいなく殺される。女性搾取の現場では「好適」な身体の型枠から外れた女性たちが容赦なく切り捨てられ、往々にして社会的・精神的な死に追い込まれるが、同じ抑圧原理のもと、動物たちが「好適」な身体の型枠から外れれば、その先には人の手で下される文字通りの死が待っている。

バタリーケージの前を横切る集卵ベルトはコンベヤーになっており、雌鶏たちが産んだ卵は定時に檻列の端に付いた棚型の機械に集められる。続いて棚型の機械は上下運動をしつつ、下部に敷かれた別のコンベヤーへと卵を置いていき、コンベヤーは鶏舎の端に位置する洗卵室へと卵を運ぶ。洗卵室の中央には大きなシンクがあり、周囲には卵を収納するカゴが所狭しと積み重ねられていた。S農場では朝の見回りを終えたあと、ここで卵の選別と洗浄を行なう。コンベヤーで運ばれてきた卵のうち、綺麗なものは生用《なま》として出荷する。汚いものは洗卵機を通し、それでも汚れが落ちなければ加工用として出荷する。Iが見てきた卵はいずれもひどく汚れていた。割れた卵の黄味やダニの死骸や糞がへばりついていることもあれば、ケージの腐食によると思われる汚れが筋をなしていることもあった。卵管脱などで総排出口から出血している鶏が産み落とした卵は、全体が血まみれになっている。綺麗な卵が多ければ選別は楽だろうが、実際にはほとんどが汚ないので作業には労力を要した。Iの同僚たちは口癖のように「卵が汚い」とぼやいた。少しでも汚れが残る卵を逐一取り除いていては、午前中の出荷に間に合う数の卵を揃えることができないので、多少の汚れには目を瞑って出荷するのが習わしだった。それでも洗卵前よりはだいぶマシになっている。洗卵前の卵は、端的に言って、消費者に見せられる代物ではなかった。洗う前のごぼうや人参が土に覆われているのとは訳が違う。卵を覆っているのは汚物と血とそれ以上の何かであり、苦痛に満ちた雌鶏たちの生の痕跡そのものだった。

危険環境

鶏舎の仕事は飼槽や給水器のチェック、死んだ鶏や瀕死の鶏を除去する作業などであるが、そのようなときにもうっかりケージに触れないよう、注意しなければならない。ケージや飼槽の周辺には無数の黒い粒が集まり、大きな塊をなしていた。ワクモと呼ばれる吸血ダニのコロニーである。働き始めて間もないスタッフはうっかり触れて被害に遭うことが少なくない。Iもかつて、ケージに触れてワクモを拾ってしまったことがある。触れたのは束の間だったにもかかわらず、ワクモは手から腕へと這いあがり、二の腕から下は吸血によってかぶれに覆われた。またあるときは、床を掃いている最中にケージに近づきすぎたせいで、長靴の中がワクモで一杯になった。職員の中には、鶏舎へ入る前に殺虫効果のある薬剤を作業着に付ける者もいた。ワクモは全国の養鶏場で現場職員の離職理由になっているという。

しかし、人間は仕事を辞めることもワクモからの防御を図ることもできるのに対し、閉じ込められた鶏たちにはなすすべがない。ワクモは夜間、檻の周囲から鶏の体に集まり血をすする。夏であれば雌鶏たちは日中の暑さに耐え、ようやく涼しくなった夜には無数のワクモの猛攻を受ける。吸血された部分は羽が抜け落ち、かゆみを伴う皮膚炎が生じる。1匹当たりの吸血量はごく微量だが、小さな鶏の体を何百、何千ものワクモが毎日覆うため、ひどい場合は貧血によって死に至ることもある。Iが担当した鶏舎では、鶏たちの鶏冠が一様に血色を失い、死ぬ間際の鶏は鶏冠がほとんど灰色になっていた。

ワクモは鶏を苦しめるだけでなく、産卵率の低下や卵の汚染、鶏の死亡を引き起こし、農場経営にも影響を与える。ミヤポーの社長もこの問題を認識していたため、S農場では折に触れワクモ防止の薬剤を散布した。が、2、3日はワクモが減ったように見えても、根絶には到底およばず、薬剤散布から数日でコロニーは元通りになった。

写真 3-8,9　鶏痘に罹って死亡した鶏と、同居によって感染した鶏

密飼い鶏舎は病原体の温床でもあるようだった。鶏たちはワクモに悩まされるだけでなく、さまざまな病気を抱えていた。鶏痘ウイルスに感染したと思しき鶏は顔や首の周辺をカサブタに覆われ、多くはそれによって目が潰れてしまっていた。目や顔全体が腫

れている鶏は大腸菌感染を原因とする眼瞼《がんけん》周囲炎や副鼻腔炎にかかっているものと思われた。一羽が病気であれば、同居しているもう一羽の鶏にも同じ症状がみられ、近接する他のケージの鶏たちにもそれが移っていく。一羽が力尽きる頃にはもう一羽の症状も目立ち始め、死の伝播は容易に過ぎ去ろうとしなかった。

ダニや病原体が常在する脅威なら、野生動物や悪天候は散発的に訪れる脅威である。四方を金網に囲まれているにもかかわらず、鶏たちの安全は保障されない。朝の巡回時に、Iは異様な死体を見かけることがあった。頭がちぎられ、首の肉が剝き出しになっているのである。Iが担当した鶏舎は高床式だったが、それ以外の1階建て鶏舎ではより頻繁に同じような死体が見られた。ケージに閉じ込められた鶏たちは野生や野良の動物たちにとって格好の獲物らしかった。餌や水を得ようと首を出したときに襲われることは充分に考えられた。襲撃があった鶏舎に入ると、鶏たちがざわついているので、経験のあるスタッフはすぐに何事かを察知することができた。

夏が近づくと猛暑に加え、台風も災いをもたらす。大きな台風が過ぎた翌朝に鶏舎へ入ると、屋根や壁の一部が吹き飛ばされ、雨水と土砂でそこら中が汚れていることもあった。飼槽にも汚泥《おでい》が溜まっているため、スタッフは仕事の合間を縫って清掃を行なわなければならない。Iが汚泥を搔き出していると、腕にワクモがよじのぼってきた。ケージの鶏たちも風雨にさらされ憔悴《しょうすい》しきっている。それでなくとも弱っていた鶏たちは、濡れそぼった体を風に冷やされたせいか、朝には力尽きていた。台風の影響で給餌機が壊れた鶏舎では、屠殺場への出荷を控えた雌鶏たちが数日にわたり放置されたこともある。スタッフの中には鶏たちを気にして「何とかしてやらないと死んでしまうじゃないか」とつぶやく者もいたが、何もなされた様子はなかった。倒壊した鶏舎から卵を集めることはできず、鶏たちは「使いもの」にならなくなったからである。会社としては、そうした鶏に余計なコストを割くつもりはなかった。

農家は動物たちを自然の脅威から守る、というのは畜産業を擁護する定番の言説である。そして生権力の働きを踏まえるなら、この言説も全くの嘘とはいえないかもしれない。農家は動物たちの生が「生産的」であるかぎり、それを経済的利益の最大化に向けて維持管理しようとする。しかしながら、畜産場は自然の脅威を防がない。

1つの畜舎に何万もの動物たちを閉じ込めれば、寄生生物や病原体が集中することは避けられない。農家は病気の蔓延によって動物たちの生産性や商品価値が損なわれれば経済的打撃を受けるので、惨事を防ぐべく薬剤の投与や散布を行なうが、虫や細菌はすぐに薬剤耐性を発達させるので、この対策はほとんど役に立たない。しかも畜舎から生じる膨大な排泄物は病原性の微生物にとって恰好の苗床《なえどこ》になる。S農場の高床式鶏舎は1階に排泄物が落ちていくが、こうした施設では鶏たちの糞が堆積して小高い丘のようになっているほどである。かくして集約畜舎の動物たちは慢性的に蠅やダニの攻撃にさらされ、負傷をすれば容易に細菌感染やウイルス感染を起こす。自然環境であれば動物たちは健康的な生活で免疫力を高め、砂浴びや水浴び、あるいは泥浴びによって感染症を防ぐこともできるが、監禁畜舎ではそのいずれも叶わず、文字通りの裸身で脅威に耐えるしかない。

畜産場は野生の動物たちが寄りつく場にもなる。放牧が主流だった時代には、囲いに暮らす動物たちが狼などに襲われることは茶飯事だった。野生の肉食動物にとって放牧場ほど便利な餌場もない。そこで、利益を守りたい畜産関係者は政府の力を借りつつ、大々的な「害獣」駆除を繰り広げてきた。ニホンオオカミが絶滅したのも、拡大造林などの林業政策だけでなく、畜産業の拡大とそれにともなう捕食動物の駆除政策が大きな原因だったとされる。同じような殺戮は国を問わず、畜産が盛んなあらゆる地域で進められ、現在に至っている。

畜産の主流が監禁拘束型になっても野生動物の立入り問題は解決されなかった。貯蔵袋や飼槽を満たす飼料、放置された死体、あるいは檻に閉じ込められた鶏などを狙って、鼠や猫やその他の小動物は畜舎の隙間から中へ忍び入る。衰弱で動けなくなった動物は生きたまま他の動物の餌となることもあり、現に鶏舎では鼠に眼球を喰われたと思しき鶏や、Ｉが発見したような首なし死体、あるいはさらにひどい状態の死体や瀕死体も見つかる。

自由な動物たちはねぐらで風雨をやり過ごすが、囚われの動物たちはそれもできない。畜産振興の全盛期が過ぎた今、日本には老朽化した畜舎がごまんと存在するが、そうした施設はしばしば台風などで屋根や壁を吹き飛ばされる。そうなれば檻から逃れられない動物たちは豪雨と強風に対し全くの無防備となる。しかもその艱難《かんなん》を耐え抜いてすら、動物たちに安らぎは訪れない。台風が去ったあとは飼槽が雨水と汚物に満たされるため、畜舎を管理する者が全てを元通りにするまで、動物たちは食事をとることもできないからである。鶏であれ牛や豚であれ、動物たちはみずからの力で自然の脅威に対処できるが、かれらを自然の脅威から守ると豪語する畜産業者は、その動物たち本来の自己防衛能力を完全に奪い去ってしまった。

殺される雌鶏たち

鶏舎の仕事で大きな比重を占めるのが殺処分である。収容される雌鶏たちは何しろ数が多いので、体に不調をきたしていても発見されず、そのまま息絶えることも多かったが、巡回するスタッフに異変を認められれば殺処分対象となる。養鶏場に「治療」の概念はない。卵の市場価格は15〜20円程度で、卸値はもっと安い。具合の悪い鶏を一々治療していては採算が合わないので、農場ではそうした鶏を見つけ次第「淘汰」、つまり殺処分を行なう。病気になれば「淘汰」、脚が折れれば「淘汰」、骨折なり衰弱なりで立てなくなれば「淘汰」である。あるとき、S農場の監督はIに語った。「牛は1頭何十万円だから病気になったら獣医を呼ぶ。だが鶏は骨折しても獣医を呼ばない。病気になれば淘汰だ。小さいうちにワクチンを打ってコストをかけるが、大きくなってからはコストをかけられない。だから羽交い絞めにして出す」。確かに、卵1個が200円にでもなれば話は変わるかもしれないが、現状では養鶏業者が殺し方にまで配慮する余裕はないに違いなかった。

Iが担当した鶏舎では、朝の死体回収時に殺処分対象の鶏たちもケージから出し、本章冒頭で描いたように通路の戸口からそのまま下へ落とした。新入社員は初日にこのやり方を教わる。通常業務の一環だったが、職員の中にはこの作業にともなう罪悪感を捨てきれず、「見ないようにして落とす」と言う者もいた。

落とされた鶏たちは、死んでいようと生きていようと、のちにホイールローダーのショベルに回収され、農場の裏へ運ばれる。昼頃になると死体回収業者のトラックが到着し、ホイールローダーが集めた鶏たちを荷台のコンテナに受け取る。まだ息のある鶏は傾けられるショベルから落とされまいと足を動かすが、なすすべもなく死体とともにコンテナへ滑り落ちていった。トラックに積まれた鶏たちはレンダリング工場へと運ばれ、肥料や動物飼料に加工される。回収業者はS農場の死体を回収したのちも他の農場を回り、豚や鶏の死体を集めているようだった。生きたまま出された鶏がどの時点で死ぬのかは分からない。大抵は死体の山に埋もれて圧死するだろうが、最悪の場合、レンダリング工場で粉砕されるまで生きていることも考えられた。

写真 3-10, 11　２階の戸口から投げ捨てられる鶏たち

殺処分対象となる鶏は、昼以降の見回りでも見つかることがあった。そうした鶏はその都度ケージから出され、羽交い絞めにされて通路脇の死体回収カゴに置かれる。カゴには死体も殺処分対象の鶏も関係なく詰め込まれ、上に数枚、汚れて使えなくなった卵のトレーが重ね置きされていた。トレーを置くのは野生動物があさりに来るのを防ぐためである。カゴに入った死体と瀕死体の鶏は翌日、戸口から投げ捨てられる。

生殺しの状態で長く苦しむ鶏たちを不憫に思ったIは、一時期、カゴの中を確認してまだ生きている鶏がいれば、羽交い締めを解いてこっそりケージに戻していた。ケージに弱っている鶏がいれば、同居する鶏に踏まれないよう、空のケージへ移した。立つことができず、給水器にクチバシが届かなくなってしまった鶏には、ペットボトルのキャップに水を入れて与えた。もちろん、そんなことをしても苦しみを長引かせるだけなのは分かっていた。それでも、飲まず喰わずの状態で死体の山に埋まり、息をするのも大変そうな鶏たちの様子を見ると、せめてもう少しのあいだだけでも、できることをしてやりたいと思うのだった。

が、それは大きな間違いだったことをIは思い知ることになる。ある日、死体回収カゴに生きた鶏が2羽いた。1羽は死体を背負って平たくなり、一瞬死体かと思うほどに衰弱していたが、それでもIを見て驚き、少しだけ首をキョロキョロと動かした。もう1羽は尻をついて足をまっすぐ伸ばし、座ったような姿勢になっていた。足を動かすことはできず、弱っていたが、もう1羽よりはしっかりしている。ケージに戻そうかと考えたが、翌朝には死んでしまうかもしれなかったので、この2羽は死体と分け、カゴに入った状態で風通しのよい場所へ移動させた。

翌朝、2羽の様子を見に行くと、まだどちらも生きていた。平たくなっていた鶏はさらに弱り果て、Iの姿に反応するだけの気力も失っている。もう1羽は前日と同じく、弱ってはいたが首をしっかりともたげ、目を見開いている。放っておけば彼女らは間もなく捨てられるので、Iは空のケージを見つけて2羽を移したが、洗卵作業が終わって再び見回りに訪れてみると、衰弱がひどかったほうの鶏は既に死んでいた。もう1羽は息があり、ペットボトルのキャップに水を入れて差し出すと、よほど喉が渇いていたとみえ、何度もクチバシの先を入れて飲み干した。足はやはり前日と同じ形で固まったまま動かせないようだった。

次の日も、その次の日も、彼女は生きていた。しかしケージに移されて3日目には、もう目を固く閉じて、水を飲もうとしなかった。姿勢がつらそうだったのでIは手を差し込み、鶏の位置を直そうとした。そのときふと、手が濡れた。糞尿だろうと思ったが、後にそうでなかったことが分かる。昼になっても様子は変わらず、鶏は眼を固く閉じたまま、口から涎《よだれ》を垂らしていた。もう長くは持ちそうになかったので、Iは通路脇のカゴを綺麗にしてそちらへ移そうと考えた。ケージの場を離れようとしたとき、全く動かなかった鶏が、ほっそり目を開けてIのほうを見つめた。

カゴが汚なかったので掃除にやや手間どった。作業を終えて鶏のいるところへ戻ると、もう息を引き取った後だった。ケージから出して体を確認した。羽毛は艶《つや》を失い、ボサボサになっている。足を動かせなかった原因を確かめようと裏返してみたところ、排泄腔の周囲が糞尿でどろどろに濡れ、その中心に大量の何かが蠢《うごめ》いていた。蛆《うじ》だった。触ったときに手が濡れたのは、糞だけではなく蛆のせいでもあったらしい。蝿《はえ》はたくさん飛び回っていたので、卵を産み付けることは容易に考えられた。くだんの鶏がいつから蛆に喰われていたかは分からないが、つい先ほど目を開けてIのほうを見たので、意識があるまま蛆に喰われていたことは間違いない。感傷に駆られた延命は、鶏を苦しめることにしかなっていなかった。頭を鉄槌で殴られた気分のIはそれ以降、殺処分対象の鶏を生かそうとすることは断念した。

S農場ではさらに、雌鶏たちをビニール袋に詰め込み、窒息死させることもあった。殺処分対象の鶏が多いときにとられる方法である。育雛農場からやって来た鶏の移し替えにも使った、キャスター付きの搬送用ケージに鶏たちを入れ、後ほど羽交い絞めにして使用済みの飼料袋に詰め込んでいく。あとは袋の口を結んで置いておけば、鶏たちはいずれ酸欠で死に至る。見た目は元気でも、卵を産まない鶏はこうして処分されることになっていた。通路脇に無造作に置かれた袋からは、ガサガサと鶏たちの動く音が聞こえるが、やがてそれも弱々しくなり、ついには静かになる。

殺処分がなぶり殺しのような方法になるのは、スタッフが殺すことをいやがるからだった。2階から鶏を落とすのはひどいので、いっそ先に息の根を止めたほうがよいのではないか、という話が出ることもあったが、自分の手でじかに殺すほうがつらい、というのが働く者の心情だった。そもそもスタッフの中には、殺処分対象の鶏がいてもそのままにしておく者が多かった。「初めのうちは生きた鶏を落とすことができなくて、殺処分の鶏を出さなかった」と語る職員もいれば、逆に「昔は殺処分の鶏を出していたけれど、最近はかわいそうになってできなくなった、鶏の目を見たら助けてと言ってるみたいで」と語る職員もいた。卵を産まない鶏がいれば殺処分、というのは会社の指示であって、働く者たちの意志ではない。殺しに携わっている実感からなるべく距離を置くことが、養鶏場スタッフの共通の課題であるようだった。Iが担当した鶏舎では毎月400羽ほどが殺処分されていたが、死体は毎月2000〜3000羽を数えた。

飼養の途中で殺処分対象とならなかった雌鶏たちも、S農場に来ておよそ1年と数か月を過ごし、600日齢を迎えた頃には「出荷」、つまり屠殺場送りとなる。出荷される鶏は前日の昼から餌を抜かれる。スタッフの中には冗談まじりに「最後の晩餐《ばんさん》くらい食べさせてあげればいいのに」とつぶやく者もいたが、生産に無関係な給餌は無駄金にしかならない。

出荷は外部の業者が入って行なうが、鶏の扱いは荒々しい。ケージから鶏を出すときは、羽や足など所かまわず摑んで引きずり出し、出荷用のコンテナに上も下もなく詰め込んでいく。コンテナはブロイラーの出荷などにも使う蓋付きのもので、80×50×25㎝ほどの空間に10羽もの鶏が収容される。乱暴な作業で脆い骨が折れることもあるが、卵用鶏の肉は商品価値が低いので、負傷により「品質」が損なわれることは問題にならなかった。出荷作業のあいだ中、鶏舎には再び鶏たちの悲鳴がこだました。

コンテナに積まれた鶏たちは、立つことも頭をもたげることもできないまま、それから3時間をかけて屠殺場へと運ばれる。到着してもすぐに殺されるとはかぎらない。S農場と取引する屠殺場は、到着した鶏を翌日の屠殺に回すことがあったので、ぎゅうぎゅうに押し込まれた鶏たちはその間、水も餌も得られないまま、殺されるときを待たなければならない。人間につくり変えられたその体はなおも卵を産み続け、最期の最期まで、コンテナの周囲に血と卵殻の混ざった黄色いよどみを広げていく。

畜産業にまつわる誤解の中でもとりわけ広く信じられているのは、卵や牛乳の生産は動物殺しをともなわない、という説だろう。肉は動物を殺さなければ得られないが、卵や乳は動物を殺さずとも得られる。一言に畜産物といっても、そこには決定的な違いがあるように思える。つまり、卵や牛乳そのものに罪はない、というわけである。したがって菜食主義者の中でも、肉を食べることは控えつつ、卵や乳製品は消費する「ラクトオボ・ベジタリアン」という立場をとる人々は非常に多い。

しかしながら、資本主義時代の畜産業において、動物を殺さないという選択肢はありえない。動物は歳をとる生きものであり、歳をとれば産卵率や泌乳量は衰える。そして身体を極限まで酷使される動物たちは衰えが早い。動物の飼養にかかるコストは一定なので、儲けの最大化を図る営利事業の考え方では、当然ながらそのような動物をより「生産性」の高い動物に置き換えたほうが合理的ということになる。したがって動物たちは最も「生産性」の高い時期にのみ利用され、その時期を過ぎれば、病気があろうとなかろうと処分される。肉用の動物ならば肉付きと肉質が最高の時期に屠殺を迎えるが、酪農用の牛も採卵用の鶏も、それぞれ泌乳量や産卵率のピークを過ぎる頃に屠殺される。寿命一杯まで動物たちを生かす「終生飼育」の営みは、今や有閑層の趣味、あるいは電線すら通わない非工業国の自給農業の世界に追いやられてしまった。

少なくとも私たちが暮らす社会で消費される動物たちは、厳然たる資本の論理のもと、「使い切り」どころか「使い捨て」の扱いを受けている。加えて卵用鶏や乳用牛に関しては先述の通り、もとより「生産性」がないとして早々に処分される雄の子らがいることも忘れてはならない。肉にかぎらず、畜産物を消費するということは、常に、例外なく、動物殺しへの投資を意味する。

動物福祉

S農場から北東へ911kmほど移動した、千葉県某市に、イセ食品の採卵部門にあたるU農場がある。イセ食品は世界屈指、国内最大手の卵生産企業で、卵用鶏の飼養羽数はグループ全体で2000万羽、U農場だけでも120万羽にのぼる。例によって市街地を離れた田園地帯にあって、周囲を木立に覆われたU農場は無関係な人々の目に入らないが、ひとたび外界から隔絶されたその敷地内に入れば、だだっ広い道路を挟んで2階建ての白いウインドウレス鶏舎が立ち並び、異世界を思わせる奇妙に整然とした人工風景が広がっている。鶏舎は2棟が隣り合わせに接して1組になり、上空からは6×2列の12列に見えるが、実際にはその倍の計24棟に分かれている。1棟の収容数は約5万羽で、窓のないその外貌は、動物を囲う施設特有の臭いがなければ、何かの工場と見まがいそうになる。

U農場は2018年、JGAP認証を取得した。JGAP認証は良質な農業経営を行なう事業者に対し業界組織が発行する認証の一つで、畜産部門のそれは食品安全や環境保全、労働者の安全対策、そして動物の幸福に配慮する動物福祉（アニマルウェルフェア）などの項目からなる。つまりJGAP認証は、それを付与されたブランドの商品が環境や人間や動物に配慮したものであること

写真 3-12　U農場の鶏舎外観

を保証する。２０２０年東京オリンピックの開催が決まった折には、選手村や会場の食堂で持続可能性や動物福祉に配慮した畜産物を提供することが求められた。２０１２年のロンドン大会、２０１６年のリオ大会でも同様の基準があり、卵であればケージフリー、つまりバタリーケージを使わない平飼いのものでなければ食材提供基準を満たすことができなかった。こうした前例を受け、日本政府は東京大会を前に多額の予算を注いでＪＧＡＰ認証を策定し、オリンピック・パラリンピック用の食材提供基準としてこれを普及することに努めた。イセ食品は自社傘下の農場がＪＧＡＰ認証農場になったことをウェブサイトで発表し、こう述べている。「『生《なま》で食べられる卵は日本の卵だけ』と言われる今日、卵及び生体の管理、安心安全な食の提供への思いを胸に、今後もイセ食品では従業員一同努力をしてまいります[*4]」。

　実際にＵ農場で働いていたＥはしかし、ここが動物の扱いに関し、格別に優れた施設とは思わなかった。農場のスタッフは30名ほどで、うち３分の１ほどを占める外国人労働者は基本的に2名で2棟を、機器メンテナンスなどの係を除く日本人労働者は基本的に1名で2棟を担当する。鶏舎の建物は正面中央に1つの扉があり、その脇にネットを張った死体搬出用の出口がある。中央の扉を入ると、中は大きな温度調節機器や備品棚の置いてある小部屋になっている。その先にはさらに「開放厳禁」と書かれた2つの扉があり、隣り合わせになった2棟の鶏舎の各々に通じていた。

小部屋の奥の扉を開けて雌鶏たちのいる空間へ入ると、手前のほうは明るく照らされ、横に死体搬出口のシャッターと、上階へ伸びる階段がある。前方には棚型の集卵機が並び、その奥には鶏たちの居住空間が続いている。が、集卵機から先は異様な暗さで、中の様子はほとんど見えない。窓がないので明かりは電灯頼りになるが、鶏舎の通路にはおよそ6メートルおきにスズラン灯がぶら下がっているのみで、照度は6、7ルクス程度しかない。夜の部屋で1本のロウソクをともした程度、といえば近いだろうか。人の歩く通路だけがか細い光に浮かび上がり、そのすぐ両脇は真っ暗で、ただ群れいる雌鶏たちの鳴き声と、金属を擦る音だけが間断なく続いている。こんなにも舎内を暗くするのは、鶏たちの活動を抑え、飼料消費量を減らすためである。畜産の経費で最も大きな部分を占めるのは飼料費であり、採卵業の場合、経営コストに占めるその割合は69％にもなる。生産量に対する飼料消費量の割合、つまり飼料要求率を抑えることは畜産業者の重要な課題であり、明かりを抑えて鶏を不活発にする工夫もその一環となる。また、暗ければ闘争が起きにくくなり、餌の取り合いがなくなるなどの効果もあるという。というわけで、育雛農場からここへ運ばれてきた120日齢ほどの雌鶏たちは、2年間の生涯のほとんどを暗闇の中で過ごさなければならない。

もちろんこの暗さは人の作業にも差し支えるので、Eたちには懐中電灯が渡されていた。それで通路の両横を照らすと、鶏たちの飼育状況が目に入ってくる。通路を挟んで延々と並ぶのは、縦三段に積まれたバタリーケージだった。動物福祉に配慮しているはずのU農場であるが、鶏の飼養には他の大半の採卵農場と同じく、バタリーケージが使われている。ここのそれは水平に鉄格子が走るタイプで、前面が左右にスライドする引き戸型の出入口となっている。ケージサイズは幅約61cm、奥行き約42cmで、そこに原則として9羽の雌鶏が同居する。1羽あたりの平均面積は約285cm²で、

写真 3-13，14　鶏の飼養空間 上は実際の明度
下はフラッシュ撮影

はがき2枚分にも満たない。天井の高さは床の傾斜により、奥と手前で若干の差があるものの、低いところで40㎝、高いところで45㎝程度であり、平均的な雌鶏の身長が40〜50㎝、首を伸ばせばそれ以上であることを思えば明らかに低すぎる。これだけでも充分に不自由な環境であるが、ケージによっては10羽、さらには例外的に11羽が収容されることもある。育雛農場から入荷される鶏が余れば、適当なところに入れなければならないからである。11羽が入ったケージでは、鶏たちが鉄格子に押し付けられ、溢れ出そうになっている。まともに寝食ができる環境ではない。おまけに飼育密度は四季を通して変わらず、気温が上がっても鶏たちは羽を広げるなどして熱を逃がすことができない。猛暑が続く夏にはおのずと死体が増えた。

窓のない鶏舎で過密飼育を行なうのは最悪の選択肢に思われた。換気扇で空気を循環させていても、充満する粉塵を処理するには間に合わない。マスクを着けなければ耐えられないが、着けていても埃《ほこり》っぽい。Eは入社以来、頭痛に悩まされた。喉を傷めている同僚も多かった。一時的にマスクを外そうものなら顔中がかゆくなる。脂粉や羽毛、粉塵とともに、大量の浮遊細菌やアンモニアも充満しているに違いなかった。鶏舎に入る際はマスクの装着が絶対だった。しかし人間はそれで呼吸器を守れるとしても、鶏たちはどうすればよいのか。鳥類は呼吸数が多く、体重あたりの酸素要求率も哺乳類の3倍を超すが、鶏舎の空気は有害物質に満たされている。しかも作業で鶏舎を出入りするだけの人間とは違い、雌鶏たちはここから一歩も外に出られない。使い捨てにされなかったとしても、この環境では彼女らが長く生きられるはずはなかった。

もちろん、清掃は行なう。今日はフィルターの掃除、明日は床の掃除、次は壁の掃除というように、清掃計画はしっかりと立てられているので、零細農家の畜舎のようにそこかしこが蜘蛛の巣に覆われているということはない。しかし清掃を始めると物凄い量の埃が宙を舞う。このときはマスクだけでなく防護メガネも必要だった。かたや鶏たちは清掃のたびに大量の埃を浴び、驚いて激しく暴れる。なるべく鶏に埃をかけるまいとしても、物理的に不可能だった。そして掃除をしても鶏舎はすぐに元通りの埃まみれになった。何しろウインドウレスの空間に5万羽もの鶏が収容されているのである。鶏舎が火事になって鶏たちが焼き尽くされるニュースは後を絶たないが、埃に満たされた鶏舎の環境を思えばそれも理解に苦しむことではない。電気系統の問題や静電気で火がつけば、炎はあっという間に燃え広がる。

窮屈な空間では同居する鶏たちの関係も健全にならない。弱い鶏は他の鶏たちの下敷きになり、背中が傷だらけになる。そして押し合いへし合いしているうちに、床が傾いていることもあって、弱い鶏は飼槽と集卵ベルトのあいだにずるずると押し出されてしまう。飼槽の下に嵌まっている鶏はEが見たかぎりでも非常に多かった。生きていても死んでいても、深く嵌まった鶏は容易に取り出すことができない。なるべく痛みを与えずに取り出そうと思っても、飼槽が硬くて動かず、鶏たちはミャア、ミャア、と独特の声で痛みを訴えた。何とか取り出しても、こうした鶏はもう立つことも難しい体になっているので、また押し出されてしまう危険が大きい。さらに、狭い檻では9羽の鶏が並んで餌を食べることもできないので、餌はおのずと強い鶏のものになり、弱い鶏は腹を空かせがちになる。Eが飼槽の下から救った鶏たちは、大抵、長いあいだ餌を食べることができていなかったとみえ、体が羽だけでできているように軽かった。

ケージの環境は鶏たちの肉体だけでなく、精神をも壊していた。金網に囲まれた空間にはもちろん砂浴び場などないが、鶏たちは土の地面でそうするように金網をクチバシでつついて手繰り寄せる仕草を繰り返し、体を膨らませて金網に擦りつけ、羽毛のあいだに砂を取り込もうとするように足で床を引っ掻いていた。Eは昼休みにその様子を見かけることがあったが、休憩が終わって仕事に戻る際にもなお同じ真似事は続いていた。飼槽に頭を入れている鶏も、よく見てみると餌を食べているのではなく、飼槽に付いた汚れを突いていることがあった。ほかに何もできることがない環境で、何か興味を引けるものを見つけようとしているうちに、鶏たちはやがて反復的な執念に囚われ、異常行動のループへと陥ってしまうようだった。

動物福祉とは、動物の自由・快楽・欲求充足などを含む広義の幸福状態、ないし人間の飼育管理下でその幸福状態を高める境遇改善努力を指す。飼育する動物の幸不幸に配慮してその扱いに一定の規則を設ける試みはさまざまな文化圏にみられるが、動物福祉の概念が公式に形づくられたのは近代以降の英米圏でのことだった。アメリカでは早くも1641年、マサチューセッツ湾植民地の自由法典に、人が使役する動物への虐待禁止や配慮を求める簡単な条項が設けられた。19世紀にはいくつかの州が罰則付きの動物保護法を定め、全米動物虐待防止協会のような組織もつくられる。これらは主として運搬や娯楽に利用される動物の保護を主眼とする取り組みで、今日の目で見れば至極保守的かつ限定的なものだったが、動物の扱いに対する人々の関心の高まりを映し出す動向には違いなかった。イギリスでも19世紀以降に動物保護法や動物虐待防止協会がつくられたほか、より徹底した動物利用の批判を行なう急進的な団体や活動家も現れる。人間に利用される動物への配慮を求める運動は新たな伝統となり、その精神は二度の大戦を経たのちにも受け継がれる。

こうした背景のもと、生物学者のウィリアム・ラッセルとレックス・バーチは1959年、科学実験における動物福祉改革の構想をまとめ、著書『人道的な実験技術の原理』を発表した。[*5] 動物実験では人間の便益と人道性の問題（動物の不利益）が衝突するが、「人道的」な動物の扱いはむしろ実験の質を高めると考えられるので、くだんの衝突は克服できる、というのがラッセルとバーチの主張だった。動物利用の便益と人道性の要請を擦り合わせるという発想は、動物福祉の基本的な考え方となる。1965年には、ルース・ハリソンによる工場式畜産の告発を受け、イギリス議会がつくったブランベル委員会という組織が、畜産業に求められる動物福祉の原則をまとめた。[*6] これをもとに定式化されたのが、畜産利用される動物たちに必要とされる「5つの自由」で、その具体的内容は、飢えと渇きからの自由、不快からの自由、苦痛・負傷・疾病からの自由、恐怖とストレスからの自由、正常な行動がとれる自由からなる。今日の動物福祉改革はこうして動物の幸福状態に関係する要素を特定し、産業利用にともなう苦痛やストレスを科学的・計量的に減らすアプローチとなっている。

動物はものを感じない機械だという見方が深く根づいてしまった西洋文化圏で、動物の身体的・精神的苦痛を認め、その削減をめざそうという考え方が主流となったことは大きな変化だったといえる。また、動物福祉の推進はただ真心を込めて動物を扱うというような精神論に終始せず、動物の苦痛を減らす具体的な施策にも結び付いてきた。さらにそのような苦痛軽減努力を進める中で、動物の生理や心理や行動に関する重要な科学的知見も多く生まれた。こうした直接的・間接的な効果を総合すると、動物福祉の誕生には一定の意義を認めることができる。もはや動物は人間の飼育下にあっても、好き放題に虐げてよい存在ではなくなった。

しかしながら、動物福祉は誕生当初から今日に至るまで、人間による動物の産業利用を前提としつつ、経済と両立するかぎりで動物の苦痛を減らすアプローチであり、それゆえの深刻な限界を抱えている。動物利用を認めるということは、とりもなおさず、人間の便益や快楽を動物の意思や利益よりも優先するという前提をそのまま肯定することにほかならない。世界には一切の動物性食品を食べず健康的に暮らす菜食者が多数いるので、人間が生きていくには畜産の営みが必要、という主張は成り立たない。食用目的の動物利用は必要ゆえのことではなく、単なる経済的利益や味覚的快楽を求める文化習慣でしかない。そのような必要性なき営みのために動物たちの最も重要かつ基本的な幸福追求の条件であるところの生命・自由・自己決定を無《な》みすることがよしとされる以上、動物福祉の取り組みは空回りに終わらざるを得ない。不必要な拘束と殺害を大前提として認めながら、なおかつ不必要な苦痛を減らすという発想は論理矛盾を犯している。

経済的利益に直結しない虐待、むしろその利益を損なう虐待であれば、動物福祉の考え方に則り、なくしていくことができるだろう。しかしそれ以上の改善を期待することは難しい。既に論じたように、畜産の現場では必要な危害と不必要な危害の区分が意味を失うからである。檻に動物を閉じ込めること、「生産性」が落ちた動物を棄て去ること、絶え間ない出産を動物に強いること、等々は、現在の生産水準を維持したいという観点からみれば全て「必要」になる。そこで工場式畜産の見直しを求める動物福祉論者は、飼育環境の改善は動物の健康を高め、ひいては畜産物の品質向上につながると訴えてきた。あまりに打算的な論理だが、「経済と両立するかぎり」の範疇で福祉を求めるとすれば、焦点を動物たち自身の幸福から業界の損得へとずらすことは避けられない。

しかもそれですら業界人に受け入れられる見込みは薄い。福祉的措置が本当に業界の得になるかは実のところ不明確だからである。今日のような拘束飼育をやめれば、動物たちの自由度が高まる代わりに闘争が増えるかもしれないので、福祉論者のいう通り畜産物の品質が向上するとはかぎらない。動物たちが健やかに暮らせる放牧型の経営に切り替えれば闘争も減り、畜産物の品質は向上するだろうが、販売価格は桁外れに高くなる。そもそも、畜産物の品質は業界にとって数ある関心事の一つにすぎない。消費者が重視する、ゆえに生産者も重視するのは、畜産物の品質よりもむしろ生産効率や販売価格だろう。多くの消費者は、動物への配慮を評価して高値の畜産物を買うよりも、動物への無配慮を気にせず安値の畜産物を買うほうへ流れる。であれば現在の畜産業にみられる動物の扱い——監禁・殺処分・出産強制・身体破壊・その他——は、生産者にとって充分な「正当性」を有しているということになってしまう。それが「不必要」な加害や虐待になるのは、福祉的な扱いにともなう生産効率の低下や畜産物価格の上昇を社会が受け入れたときである。世界の進歩的な地域では現に消費者が動物福祉の向上にともなう価格上昇を受け入れ、住民投票によって鶏のケージ飼育禁止を決定したなどの例がある。しかし日本では、腐敗した自民党政権のせいで人々の生活水準が下がる一方なうえ、正義や倫理を冷笑する文化が根付いていることもあり、動物のために負担を受け入れようという考え方は育つ気配がない。かつて環境大臣がバタリーケージの見直しを提案したときにも、人々は不満と嘲笑と罵詈雑言で反応するだけだった。「不必要」な苦痛を減らす動物福祉が有名無実になるのもむべなるかなである。

よしんば動物福祉改革が実を結んだとしても、動物たちに幸福が訪れることは期待できない。第一に、畜産業の寡占化にともなって農家の戸数は減ったが、市場を支配する大企業は多数の生産拠点を有する。対して農場の実態を調査できる政府機関の人員は圧倒的に足りない。したがって拘束飼育の禁止等が決まり、違反者に対する罰則が設けられたとしても、違法操業が野放しになる結果は見えている。実際、妊娠ストールやバタリーケージの撤廃を決めた国々でも多数の違反が動物擁護団体により発見されてきた。第二に、福祉改善の導入が決まり、実行に移されるまでには5年、10年、あるいはそれ以上の長い年月がかかる。それまでのあいだ、何十万、何百万もの動物たちは引き続き劣悪な環境に耐えなければならない。改善策の導入が完了するまでにその撤回や内容修正がなされることもある。第三に、動物福祉の推進で変えられるのは畜産業が内包する問題のごく一部にかぎられる。極端に小さな檻や麻酔なしの身体破壊は禁止にできるかもしれないが、密飼いも去勢も育種も禁じ、全ての動物を広々とした放牧場で幸せに生活させ、死んだことすら分からないよう「人道的」に屠殺するというシナリオは、経済を最優先する動物福祉の枠組みでは原理的にも物理的にも実現しえない。そもそも世界には現代人が消費するほどの大量の動物たちをのびのびと生活させられるだけの土地はない。第四に、そのわずかな改善ですら、現状維持を望む業界の思惑によって骨抜きにされてしまう。例えばケージ撤廃を決定した国々でも鶏の飼育密度は依然として高く、平飼いの実態はつまるところ、複数の小さな檻に入れていた鶏たちを鶏舎という名の大きな檻に入れ換えただけにすぎない。動物福祉を推進すれば畜産物消費者の罪悪感は減るかもしれないが、動物たちの苦しみはさほど減らない。最後に、動物福祉の枠組みで理想視される広々とした放牧農場ですら、「生産性」のない動物は殺処分され、「生産性」のある動物は屠殺される。卵用鶏や乳用牛の雄が幼くして皆殺しにされる運命に変わりはない。肉用の動物が最も肉質のよい時期に殺され、卵用鶏と乳用牛が「生産性」の頂点を過ぎた時点で屠殺場に送られる運命も変わりない。それを「改善」や「福祉」の実現と高評価するのは人間だけである。動物福祉のさまざまな限界に真摯に向き合うならば、つまるところ、動物たちの幸福を重んじることと、動物たちを資源や商品や所有物として扱うことは両立しないという当然の結論へと行き着く。

強制換羽

卵用の雌鶏たちにとってとりわけ苛酷な試練となるのは強制換羽だった。産卵を始めて1年ほどが経過すると、卵質と産卵率が落ちてくる。農場によってはこの時点で雌鶏たちを屠殺場へ出荷するが、長期にわたって飼養する農場では、給餌制限を行なって鶏を空腹状態に置き、産卵を抑制しつつ強制的に羽を抜け変わらせる。これを誘導換羽もしくは強制換羽という。羽が抜け変わる時期を経て雌鶏の産卵能力が回復する性質に着目し、人為的に卵質と産卵率を向上させる手法である。全農の資料によれば、強制換羽は鶏の「経済寿命」をのばし、「ヒナ代の節約、卵質の改善、生産調整も同時に行える一石三鳥の技術」だという。[*7]

強制換羽には絶食絶水による方法、添加物の給餌による方法、低栄養飼料への切替えによる方法があり、U農場ではこの第三の方法をとっていた。鶏たちの餌は少量の低カロリー飼料へと切り替えられる。Eとともに働いたスタッフの中にはこの飼料を見て「スカスカしててまずそう。鶏は食べることしか楽しみがないのに」と同情する者もいた。加えて強制換羽中は鶏舎の照度を落とすことで、鶏たちの食下量を抑え、少ない餌の取り合いを減らす。6〜7ルクスの照度は3ルクスに落とされ、もともと暗かった鶏舎はほとんど漆黒と化した。

強制換羽が行なわれている鶏舎はFM鶏舎と称される（強制換羽の英語にあたる「forced molting」のイニシャルをとった呼称）。Eたちは毎朝、自分の担当鶏舎へ向かう前にFM鶏舎へ入り、全員で羽拾いを行なった。毎日の作業内容を記す手順書にも「FM鶏舎羽取り」の項目がある。FM鶏舎には抜け落ちた羽が大量に溜まるので、放っておくと集卵ベルトや飼槽に落ちた羽が機器類に詰まってしまいかねない。それを取り除くのがスタッフの仕事である。

羽取り作業をするために大勢のスタッフが鶏舎へ入ると、鶏たちは暗がりの中でひどくおびえ、一帯は金網を掻きむしる騒音と悲鳴に満たされる。もともとケージの鶏たちはおびえやすく、人が近づけば遠ざかろうとするが、強制換羽中は飢えて神経が過敏になるせいもあってか、刺激に対して異様な取り乱しようだった。大人数で作業をするときだけではない。Eが一人で鶏舎に入り、檻列の並ぶ空間に足を踏み入れただけで鶏たちは暴れた。ケージの前をゆっくり歩けば、鶏たちは金網に体をぶつけながら何とかその場を逃れようとした。戦慄はまたたく間に周囲へ広がり、果てしなく増幅される幾重もの叫びとなってEの耳を打った。

ＦＭ鶏舎の床には羽鞘《うしょう》や脂粉が雪のように積もっていた。羽取り作業を終えると、毎度、45リットルの袋に入りきらないほどの羽が集まる。鶏たちの体に急激な異変が訪れているのは明らかだった。Ｕ農場はもともと、絶食法による強制換羽を行なっていた。その頃は１日に１００〜２００羽が命を落とし、中には体重が１キロを切る鶏もいた。それを低栄養飼料切替法にしたのは、ＪＧＡ

写真 3-15, 16, 17　強制換羽中の鶏たちと、ＦＭ鶏舎で集められた羽

P認証を取得するためだったと考えられる。飼料を与えながらの強制換羽は絶食法に比べ、動物福祉の水準が高いと評価されるからである。実際、死亡率は減った。が、本来自然に起こるはずの換羽を飢餓によって人為的に引き起こすことが鶏の体を壊す事実に変わりはない。強制換羽を開始して2週間ほどが過ぎると、1日におよそ60～70羽の死体が見つかった。そのうち、約3分の1は餓死、3分の1はケージに挟まれたことを直接の原因とする事故死、残り3分の1は腐敗などにより死因不明だった。飢餓で力尽きた鶏たちは見る影もないほどやせ細っていた。

低栄養飼料での強制換羽は約1か月にわたり続けられるが、鶏の身になって考えるとそれは途方もなく長い期間に思われた。ようやく換羽期間が終わりを迎えても、生き残った鶏たちはなお恐怖の中にあり、人が近寄ると激しくおののいた。すでに何もかもを奪われている鶏たちから、さらに食べものを奪い、落ち着きを奪い、かすかに残る光をも奪う行ないが、どうすれば動物福祉に適うと考えられるのかは謎というよりない。

自然に生きる鳥たちは、1年のうちのある決まった時期、大抵は冬が近づいた頃に、古い羽が抜けて新しい羽に生え変わる。体温を保ちながら新しい羽をつくるために、換羽期にはエネルギーを使う産卵が止まる。これは餌が減る冬のあいだに子が生まれることを防ぐ意味合いもあり、自然の進化が生んだ合理的な仕組みである。羽が新しくなった鳥たちは、翌春から再び産卵を始める。

強制換羽はこの過程を人為的に再現する手法であり、雌鶏たちの自然のサイクルを資本のサイクルに置き換える企てというにふさわしい。飼料や栄養素を抑えれば、羽を成長させるホルモンの分泌が減り、羽が抜け落ちる。と同時に鶏たちの卵管は収縮し、数週間の休産期間が訪れる。そのあいだに卵管の細胞は更新され、休産を終えたのちには卵質と産卵率が回復する。採卵業者にとっては願ったり叶ったりであろうが、卵を産む鶏たちにとってはこれが拷問になる。自然に生きる鶏は食事をとりつつ時間をかけて羽を入れ換えるが、強制換羽では餌を抜かれ、急激な羽の入れ換えを無理やりに引き起こされる。鶏の体重は短期間で25～30％減少する。たかだか数週間で体重が4分の3からそれ以下になるという変化が、身体に悪影響をおよぼさないはずがない。鶏たちは空腹にさいなまれ、抜け落ちる互いの羽までも食べようとする。免疫系は衰え、病気にも脆弱になり、多くが飢餓で命を落とす。日本のある養鶏農家は強制換羽を「ダイエット」にたとえるが、[*8]その実態は過激なショック療法というほうが正しい。そしてこの拷問を生きのびた鶏たちは、再びバタリーケージの中で産卵に次ぐ産卵を強いられることとなる。ミヤポーのS農場よろしく、産卵率が落ちた時点で早々に殺されるのと、イセ食品のU農場よろしく、強制換羽を経て再び産卵地獄を繰り返すのと、どちらが恐ろしいかはもはや比べる意味もないが、一つ確実にいえるのは、卵のために利用される雌鶏たちに幸せな生涯はないということである。

イギリスでは１９８７年に、治療目的のそれを除く卵用鶏の絶食が禁じられた。１９９４年には同じくＥＵで絶食による強制換羽が禁じられた。２０１１年にはインドがその後に続いた。かたや日本ではいまだ採卵農家の66％が強制換羽を行なっており、うち85・６％は絶食法ないし絶食絶水法を実施している。[*9]「価格の優等生」といわれる日本の卵が、価格のために倫理の点数を落としていることは広く知られてよい。

暴力の外部委託

U農場でも、朝は死体回収の仕事から始まる。スタッフは片手に懐中電灯を持ち、片手で死体回収カートを引っ張りながら鶏舎を見て回る。巡回を終えたら、その日の日報に死体の数を記録する（農場では死体を死体と言わず、「減耗《げんもう》」という婉曲語で言い換える）。「外傷」「腹水」「挟まれ」など、死因別にカウントするが、Eの経験では「挟まれ」が特に多かった。死因が不明のときは「挟まれ」にカウントしてよいということになっていたせいもあるが、実際、ほとんどの鶏は挟まれによって死んでいた。

死体は多いので、巡回には時間がかかった。しかしさらに時間をとられるのは瀕死の鶏がいたときである。挟まれて瀕死の鶏は足をつっぱらせ、体も冷たくなっている。足を外しても、こうした鶏は立てないほど弱っていることが多いので、「入院ケージ」に移さなければならない。

入院ケージは弱った鶏を収容するU農場独特の空間で、鶏舎の中に数か所、これがある。もっとも、その実態は単なるバタリーケージであり、中に複数の鶏たちが押し込まれていない点だけが違う。入院ケージに移される鶏が少ないうちは、過密から免れるので鶏たちの負担は軽減されるが、特別な治療や給餌が行なわれるわけでもなく、ただ弱った鶏をそこへ入れて様子見をするにすぎない。卵用鶏は1羽当たりの利益が小さいので、弱ったからといってそれ以上のリソースを割かれるはずはなかった。したがって入院ケージで死んでしまう鶏は少なくない。自然治癒が望めない鶏た

写真 3-18　入院ケージの様子

ちは、斜めに傾いた金網の床に横たわり、死の訪れを待つしかなかった。一方、回復した鶏は再び元の過密なケージに戻された。

入院ケージに移されるのは、挟まれによって衰弱した鶏だけにかぎらない。Eは足がゴムボールのように膨らんだ鶏をよく見かけた。足のタコや傷から細菌感染し、炎症や化膿を起こして患部が腫れ上がる趾瘤症《しりゅうしょう》という病気である。金網の床はこの病気の原因と疑われた。趾瘤症の鶏はケージの上で歩きにくそうにしていた。混雑したケージの中で他の鶏に患部を踏まれることもあり、症状が悪化すると起立もできなくなる。さらには趾瘤が網目に挟まり、動けなくなる鶏もいる。こうなると足を金網から外そうにもなかなか外れず、スタッフが手こずっていると鶏は苦しげな鳴き声を上げる。金網から外しても、鶏たちは趾瘤ができた足をそれ以上動かせない。そのような鶏も入院ケージに移される。

腹が異様に膨らんだ鶏も方々に見られた。原因は腹膜炎や卵管炎、脂肪肝、腫瘍の形成など、いくつかあるが、最も多いと思われるのは腹水のケースである。大きく膨らんだ腹は羽毛が抜け落ち、床に擦れて見るからに痛々しい。鶏自身の力ではどうすることもできず、腹圧を下げなければ悪化する一方なのは明らかだったが、U農場では腹部膨隆《ぼうりゅう》した鶏も入院ケージに移されるだけだった。力尽きた鶏は腹部が青黒く変色し、ガスを含んで腐臭を放った。

鶏痘のような症状で首から上がカサブタに覆われている鶏、内臓脱出を起こした鶏なども入院ケージに移されるだけだった。死体回収時に異常のある鶏が見つかっても、懐中電灯を持ってカートを引くスタッフは両手がふさがっているので、その都度入院ケージまで運んでいくわけにはいかない。カートをその場に置いて弱った鶏を入院ケージへ連れて行き、またカートのところへ戻って巡回を再開するなどということをしていては、時間がすぐに過ぎてしまう。そこで、弱った鶏はひとまず死体とともにカートへ入れおき、入院ケージの前まで来たらそこへ移す。死体の中には腐乱を起こしているものや悪臭を放つものもあるので、カートに入れられた鶏には忍耐が求められた。

U農場では、殺処分が行なわれていなかった。以前は行なわれていたが、現在は入院ケージに移すのが農場の方針となっている。JGAP認証では、畜産技術協会の定める「アニマルウェルフェアの考え方に対応した飼養管理指針」にもとづく飼養環境の改善が適合基準の一つとされている。そして同指針では「治療を行っても回復の見込みがない鶏や、著しい発育不良や虚弱な鶏」を「適切な方法（頸椎脱臼等）で安楽死」させることが求められている。しかしJGAP認証を取得しているはずのU農場ではそれが行なわれていない。理由はスタッフへの心理的配慮にあるらしかった。Eが上司から聞いた話によると、かつてある職員が、まだ卵を産めるかもしれない雌鶏を「かわいそうだから」という理由で殺処分していた。それがきっかけで、U農場では基本的に殺処分を行なわないことにしたのだという。Eの同僚に殺処分を行なう者はおらず、新入社員にもその方法は教えられていなかった。養鶏場の職員であっても、殺処分についての考え方は分かれる。かわいそうで殺処分ができないという者もいれば、かわいそうだから早く苦しみを終わらせたくて殺処分するという者もいる。板挟みというよりなかった。殺すことが慈悲深いはずはないが、弱った鶏を治療もせずに放っておけば、長く苦しんで死んでいく。

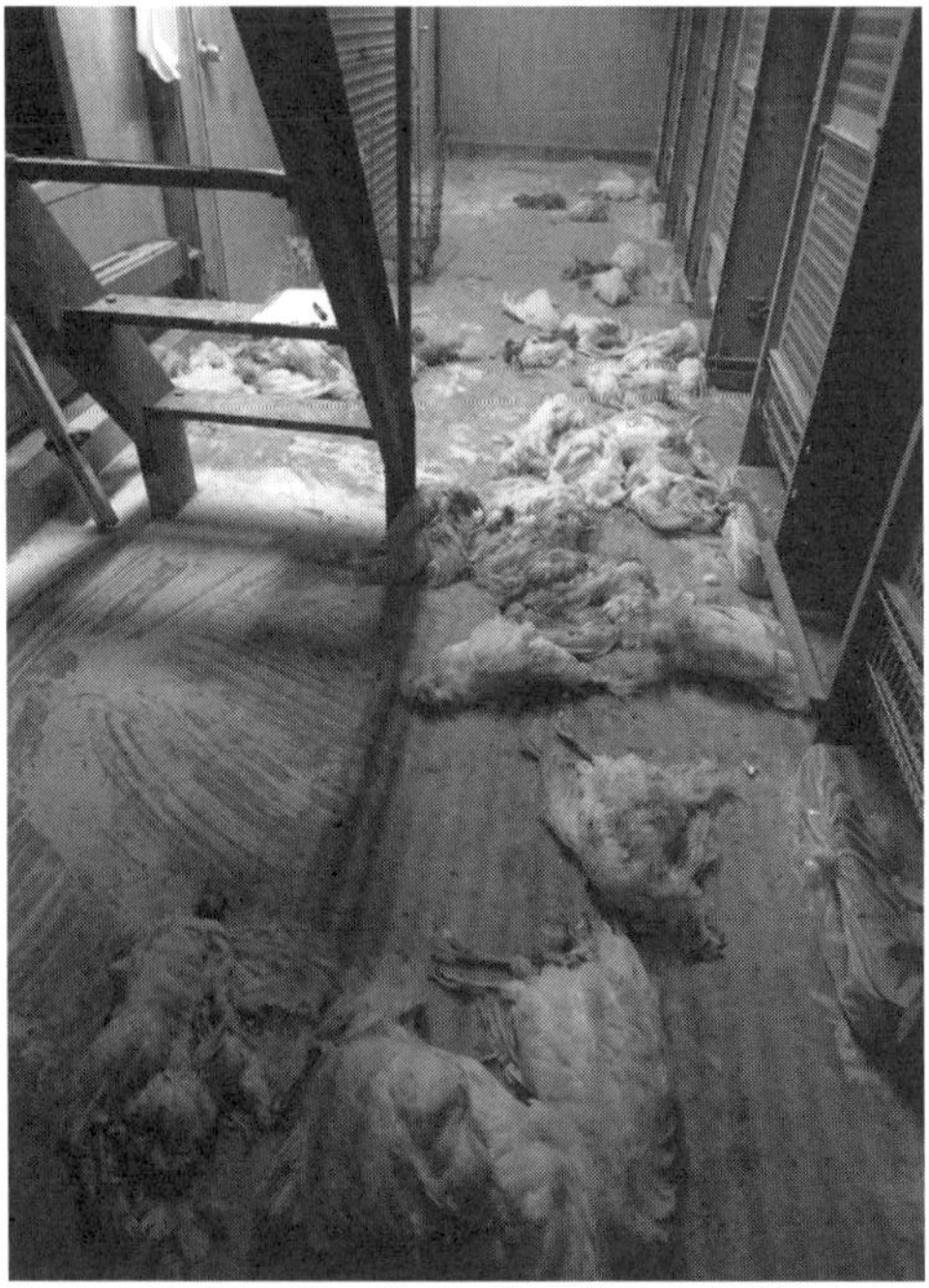

写真 3-18　鶏舎で集められた死体
これはこのあと、野外の死体置き場へ搬出される

治療も安楽殺も行なわれない以上、弱った鶏の多くはぼろぼろになった末に力尽きていった。毎朝、Eはひどい状態の死体を集めて回った。ある死体は挟まれたまま何度も下痢をしたとみえ、尻まわりが汚れに覆われていた。別の死体は目玉がなくなり、眼窩《がんか》に血の塊ができていた。鶏舎には鼠たちが住み付き、弱った鶏の目玉を奪っていく。飼槽でつかえていた部分から下の羽毛がなくなり、皮

膚が赤黒く変色している死体も多かった。羽毛が剝げているのは、動けないまま同居する鶏たちに踏まれ続けたせいと思われた。これらの死体はカートに入れ、外へ運び出す。死体搬出口のシャッターを上げ、前方のネットをくぐると鶏舎の外へ出る。そこから長い道を行き、角を曲がって大きなサイロが立ち並ぶところを通り過ぎたら、左手にガレージを思わせるトタン屋根の物置小屋がある。そこに置かれた浴槽ほどの青いコンテナが死体回収容器だった。レンダリング業者のトラックが来る頃には、コンテナにみっしりと死体が詰まっている。

職員はみな淡々と日々の仕事をこなしていたが、鶏の扱いが適切だと考えているわけではなかった。「詰め込みすぎ」「ここは工場みたいだからね」「こんな飼育は日本だけ。日本は遅れてる」など、ロッカールームでは時おり会社への不満もささやかれた。Eの同僚はあるとき、「過密すぎるよ。会社に言おうと思う」とぼやいた。中には「ケージ飼育は許せない」と語る職員さえいた。いずれも外部向けのアピールではなく内輪の話であり、善人ぶる目的も何もない心からの本音だった。問題があることは分かっている。自分の中に葛藤もある。それでもここで働くのには、めいめいそれなりの理由があるに違いなかった。生活をしていくには自分に与えられた条件の中で働き口を見つけなければならず、働く以上は億劫な仕事もしなければならない。そして一度仕事を始めてしまえば、職替えをするのは大きな負担をともなう作業になる。「いやなら辞めればいい」というほど単純でないのは、畜産場で働く人々にとっても同じことだった。

私たちの社会は畜産物消費を支えるための暴力を「外部委託」している。殺しを愉しむ狩猟者などはいざ知れず、まともな良心を持つ人々は必要もなく動物を搾取・殺害するという発想を忌まわしく感じる。にもかかわらず、人々はその忌まわしいことの上に成り立つ畜産物を日々消費する。自分はそれに手を染めたくないが、その成果物は享受したいと願うならば、他人に「汚れ仕事」の代行を依頼し、自分はそこから目を背けるのが最も心地よい。畜産の現場が人里を離れた僻地に存在するのも偶然ではない。それは生産者と消費者の双方にとって不都合な真実を覆い隠すのに役立つ。生産者は利益追求のために動物への配慮を捨て去った畜産の実態を知られたくない。消費者はみずからが買い求める動物性食品の暗い背景を知りたくない。知れば自分が罪深い人間に思えるからである。かくして食用のための動物搾取は遠い他者に外部委託される。歴史学者のエリック・ルーミスは、著書『視界の外で』において、隠蔽の原理は生産の外部委託を促すとし、その構造が（他の産業と並んで）畜産・屠殺産業の根幹をなすと論じた。[*10] 知られることを不都合と考える生産者と、知ってしまうことを不都合と考える消費者の共犯が、この産業の地理的配置に表れている。

外部委託によって消費者が動物搾取の罪悪感から守られる一方、生産現場のスタッフは搾取の代行にともなうストレスとの対峙を余儀なくされる。動物を即死させない中途半端な殺処分も、殺処分を行なわず動物を死ぬに任せる放置も、いずれも殺しを忌みきらう現場職員のジレンマを伝えている。客観的にみればその扱いは動物たちにとって望ましくないが、働く者にとって弱りゆく動物たちにみずからの手で死を下す作業は耐えがたい。ゆえに動物搾取の現場ではこのように職員の罪悪感を軽減する工夫や習慣が発達する。あるいは畜産場のスタッフが時おり漏らす不謹慎なジョークを振り返ってみてもよい。動物たちの苦しみを軽んじ嘲《あざ》笑うようなそれらの言葉も、ストレスに押しつぶされないための心理的防御にほかならない。

畜産の現場で横行する虐待的な動物の扱いについても、その背景にある構造を考える必要がある。暴力の行使が人の良心を殺すのか、それとも良心を殺すことで暴力の行使が可能になるのか、その因果は容易に窺い知れないところであるが、おそらく両者はどちらも真実であり、相乗的に絡み合っている。一時的にであれ良心を殺さなければ動物搾取の業務はこなせない。そしてそれを日々こなすことで良心はさらに壊されていく。まして畜産の現場には鳴りやまない騒音があり、逃げられない悪臭があり、果てしない死の累積がある。腐肉と血液、汚物と塵埃に囲まれた空間で、人におびえ逆らう動物たちの群れを相手に毎日仕事をしなければならない者が、生来の倫理感覚を狂わされたとしてもおかしくはない。動物虐待のかどでPETAに告発されたある養豚場の職員は、自身の虐待を振り返って「ヘドが出そう」と言いながらも、当時の状況をこう振り返る。「ただあそこにいると……善いも悪いも分かんなくなるんです。やれるだけやれってことで働いてんで」[11]。また、屠殺場で働いていたある人物は、「殺す動物への憎しみを育てることで自分の感情を乗り越えていた」と回顧する[12]。つい先ごろも動画共有サイトTikTokで、島根県の酪農場における虐待の様子が明らかにされた。ストレスによる八つ当たりのような動物虐待を別にしても、畜産の現場ではこれまでにみてきた通り、動物を蹴る、放り投げる、乱暴に摑むなどの扱いが当然と化している。

外野の消費者が畜産場の動物虐待を前にして、現場の労働者に怒りを向けるのは簡単である。しかしその虐待は、ただ肉や乳や卵を食べたいという些末な欲望のために、大規模な動物搾取を外部委託する消費者が招いた結果でもある。私たちは畜産物を食べ続けるために暴力の代行を求め、直接暴力に曝される動物たちの命はもとより、暴力を請け負う労働者たちの心をも破壊している。

エピローグ

周りのスタッフはみな良い人だった、少なくとも「悪人」といえるような人物はいなかった、とEは語る。働き始めて右も左も分からない頃は先輩らにたくさんの質問をしたが、いやな顔をされたことはなく、いつでも懇切に作業を教えてもらった。後輩をいじめるような者や威張っている者もおらず、むしろ困っている者がいればお互いに助け合うのが習わしだった。その意味では、人の質は他の職場と変わらない。外部の業者もそうだった。育雛農場の鶏をケージに詰め込む作業者たちは、行なっていることを別にすれば、友好的で感じのよいごく普通の人々ばかりだった。

にもかかわらずEが農場を去ったのは、鶏たちの扱われ方があまりに劣悪だと感じたからである。スタッフは温かい人々だったが、動物の扱いは手荒だった。業務がそのような扱いを強いていた。慢性的な人手不足の中、1人や2人で何万もの鶏を管理しなければならない状況では、1羽1羽を丁寧に扱うことなどできない。ケージに足を絡めた鶏がいれば足を外さなければならないが、長く伸びた爪は容易に金網から外れないので、作業の際は爪が剝がれてしまってもよいと割り切るしかない。病気の鶏をケージから出すにしても、同居する鶏たちは激しく暴れて作業を妨害するので、とにかく摑めるところを摑んで無理矢理引っ張り出すことになる。U農場では週に一度、鶏た

写真 3-20　卵に囲まれて死んでいる鶏

ちの体重測定を行なうが、その際はケージから出した鶏を羽交い絞めにする。両羽をねじって背中で交差させるという作業は、それだけでも鶏に苦痛を課すが、スタッフは一々鶏を床に置いたりせず、羽だけを摑んで宙ぶらりんにしたままこれを行なったので、苦痛は一層大きいと思われた。鶏が怖がらないように、痛くないように、などということを気にしていたら作業は終わらない。とにかく生産のサイクルを回し続けるのがここにいる者たちの仕事である。

ケージの前に伸びる集卵ベルトには、いつでも大量の卵が転がっていた。綺麗な卵に混ざって血の付いた卵や血みどろの卵もちらほら見られた。Eが鶏舎の見回りをしていると、そんな卵の中に頭をうずめて死んでいる鶏たち、飼槽の下でたくさんの卵に囲まれながら息絶えている鶏たちの姿があった。彼女らは誰に殺されたのだろうか。心ない農場のスタッフが死に追いやったのか。同居する鶏たちの攻撃に斃《たお》れたのか。どちらもありうるが、事の本質は違う。彼女らはその周りに転がるいくつもの卵が象徴するように、利益追求に明け暮れる大企業の野望と、飽食を追い求める消費者らの果てしない欲望に押しつぶされたのである。

脚注

＊1　バタリーケージの歴史については、Karen Davis, *Prisoned Chickens, Poisoned Eggs: An Inside Look at the Modern Poultry Industry [REVISED EDITION]*, Summertown: Book Publishing Company, 2009 ならびに Hans-Wilhelm Windhorst (2017) "Housing systems in laying hen husbandry," Zootecnica INTERNATIONAL, https://zootecnicainternational.com/featured/housing-systems-laying-hen-husbandry/ を参照（２０２３年5月18日アクセス）。

＊2　Marian Stamp Dawkins, *Through Our Eyes Only? The Search for Animal Consciousness*, Oxford University Press, 1998, pp.151-4.

＊3　"Intensive Egg, Chicken & Turkey Production, Chickens' Lib Invites You to Face the Facts," *The Animal Welfare Institute Quarterly* 39(2), 1990, p.10.

＊4　イセ食品株式会社「㈲つくばファーム・イセファーム東北㈱　色麻農場　ＪＧＡＰ認定」https://www.ise-egg.co.jp/news/256/（２０２３年5月29日アクセス）。

＊5　W. M. S. Russell and R. L. Burch, *The Principles of Humane Experimental Technique*, Methuen & Co. Limited, 1959（W.M.S. Russell + R.L. Burch 著／笠井憲雪訳『人道的な実験技術の原理――動物実験技術の基本原理３Ｒの原点』アドスリー、２０１２年）。

＊6　Rogers Brambell (1965) "Report of the Technical Committee to Inquire into the Welfare of Animals Kept under Intensive Livestock Husbandry Systems," https://edepot.wur.nl/134379より入手可（2023年6月2日アクセス）。

＊7　全農（2011）「教えて！　中研　養鶏――強制換羽の効果とポイント」https://www.chikusan-club21.jp/wp-content/uploads/2022/03/073_chuken_03.pdf（2023年6月8日アクセス）。

＊8　山田鶏卵（2015）「にわとりの若返り飼育法」スタッフブログ、https://www.yamada-egg.com/blog/news/%E3%81%AB%E3%82%8F%E3%81%A8%E3%82%8A%E3%81%AE%E8%8B%A5%E8%BF%94%E3%82%8A%E9%A3%BC%E8%82%B2%E6%B3%95/（2023年6月8日アクセス）。

＊9　畜産技術協会「平成26年度国産畜産物安心確保等支援事業（快適性に配慮した家畜の飼養管理推進事業）採卵鶏の飼養実態アンケート調査報告書」2014年、24頁。

＊10　Erik Loomis, *Out of Sight: The Long and Disturbing Story of Corporations Outsourcing atastrophe*, The New Press, 2015, p.118.

＊11　テッド・ジェノウェイズ／井上太一訳『屠殺――監禁畜舎・食肉処理場・食の安全』緑風出版、2016年、135頁。一部語句を改変。

＊12　Barbara Noske, *Beyond Boundaries: Humans and Animals*, Montreal: Black Rose Books, 1990, p.28.

終章　進むべき道

公開質問状

２０２３年、筆者は動物擁護団体ＰＥＡＣＥ（命の搾取ではなく尊厳を）の代表を務める東さちこ氏の協力を得て、日本ハムとキユーピーに公開質問状を送った。日本ハムはＰＥＴＡの事件があった後に妊娠ストールの漸次撤廃をはじめとするアニマルウェルフェア（動物福祉）の推進目標をおやけにし、キユーピーは事件後の株主総会でアニマルウェルフェアの取り組みを「持続可能な鶏卵の生産と調達の上で重要な課題と認識」しているとの見解を示した。質問状ではこの点を踏まえ、第一に、アニマルウェルフェアの遵守《じゅんしゅ》を確実なものとするための具体策（外部の第三者による監視制度の導入など）があるかを尋ねることとした。第二に、アニマルウェルフェアの推進では食用の動物利用にともなう諸問題を解決できないため、ビーガン事業への移行予定があるかも確かめる必要があった。この2点を柱に、その他、いくつかの事実確認などをめぐる質問も織り込み、両社に回答を求めた。さいわい、質問状は黙殺されることなく、両社からは期限内にPEACE事務所へ回答が届けられた。

日本ハムに送った質問は以下の通りである。

1．貴社のアニマルウェルフェアガイドラインにあります「国内全農場・処理場への環境品質カメラの設置」は、アニマルウェルフェアに則る動物の扱いの遵守状況を監視するためのものと思われますが、外部の第三者によらない内部監視は機能しないのが一般的であり、どのように実効性を持たせるのかを知りたいと考えています。以下の点について教えてください。

（ア）環境品質カメラの監視は誰が行いますか。

（イ）動物福祉の観点から、従業員が何を行ってはいけないのか、または何をするべきなのか、指導の基準となるマニュアル等は作成されていますか。

（ウ）オンブズマン制度の導入など、適切な動物の扱いを外部から確認するための仕組みを導入する予定はあるでしょうか。

（エ）監視による指導等の状況について年次報告等により情報を公開するお考えはありますか。

2．妊娠ストールは動物に多大な苦痛を与える拘束装置であるとして、長年にわたりアニマルライツやアニマルウェルフェアの推進者による批判を受けてきました。貴社に対する直接的な抗議も続けられてきたことはご存知の通りです。PETAの告発を受け、すぐに撤廃を決定できるほどの改善を、なぜ告発がなされるまで行わなかったのでしょうか。

3．PETAの告発では、妊娠ストールの使用だけでなく、断尾や去勢、動物移送時の乱暴な扱い、残酷な子豚の殺し方が問題とされました。これらについての現在の方針及び改善状況、もしくは今後の改善計画について、それぞれ教えてください。

4．現在の生産量を想定すると、ただ現場の労働者に丁寧な動物の扱いを指導するだけでは本質的な解決にならないと思われます。限られた時間内に限られた人数で生産目標の達成を求められる労働者は、動物に配慮するだけの物理的余裕を持てないからです。この課題に企業としてどう対応していくのか、お考えを聞かせていただければ幸いです。

5．動物性食品の生産に伴う倫理問題はいまや広く知られ、国内でもビーガン人口が年々増加しています。ビーガンが求めるのは動物利用の改善ではなく全廃です。今後、貴社がビーガン商品の開発にとどまらず、ビーガン商品生産への完全なシフト、すなわち動物性食品部門からの脱却をめざす意向はあるでしょうか。ない場合、なぜ良質なビーガン商品をつくれる技術と予算がありながら、数々の問題をはらむ動物性食品の生産を続けたいのか、その理由も伺わせていただければありがたく存じます。

これに対する日本ハムの回答はサステナビリティ部部長の名義で、内容は次の通りだった。全文を転載する。

質問状にてお問合せいただきましたアニマルウェルフェアについて、当社は「アニマルウェルフェアポリシー」および「アニマルウェルフェアガイドライン」を定め、取り組みを推進しています。

主な取り組みとしては、動物の取り扱い方法に関する管理要領を作成し、それに基づいて農場ごとの作業手順書を改定し、その手順に従い作業を実施しています。また、アニマルウェルフェアに関する教育を行い従業員の意識向上を図っています。

加えて、2030年目標を設定し、環境品質カメラの設置、係留所への飲水設備の設置、妊娠ストールの廃止を順次実施しています。

今後も産官学連携会議などに参加することで情報収集を図ってまいります。

当社グループは企業理念である「食べる喜び」をお届けし続けるために、2030年のありたい姿として「Vision2030」を策定し、〝たんぱく質を、もっと自由に。〟を企業メッセージとして、変革のための挑戦を続けております。お客さまのさまざまなご要望にお応えし、生きる力となるたんぱく質を安定的にお届けすることで、食をもっと自由に楽しめる多様な食生活を創出し、「食べる喜び」をかたちにして提供し続けてまいります。

企業の問題に関する質問や取材は拒否されることが多い。それを思えば、このたびの質問状に対し、ひとまず回答が送り届けられたのは重要なことに違いなかった。が、質問事項のうち、肝心な点についてはほぼ何も分からなかったに等しい。のちにそれらの点について東氏が直接同社の担当部署へ問い合わせてくれたものの、書いてあること以上のことは答えられない、との返答だった。

次にキユーピーへの質問状である。

1．昨年2月の株主総会によりますと、貴社はミヤポーとの取引を行なっていないとのことでしたが、PETAの告発を受けた農場の取引記録には貴社の名称があり、従業員の証言によってもその記録が裏付けられています。ミヤポーとの取引がないという株主総会でのご回答は、かつて取引を行なっていたが現在は行なっていないという意味でしょうか。それとも、ミヤポーとの取引は過去にも一切なかった（つまりミヤポーの取引記録や従業員の認識には相違がある）ということでしょうか。

2．上記株主総会では、アニマルウェルフェアの取り組みに関し、「持続可能な鶏卵の生産と調達の上で重要な課題と認識しており」、鶏卵については畜産技術協会の定める「アニマルウェルフェアの考え方に対応した採卵鶏の飼養管理指針」に則して生産されたものを調達している、とのご回答をいただきました。しかしながら、農林水産省の飼養管理指針は、アニマルウェルフェアの観点から特に問題とされるビークトリミングや誘導換羽の実施、バタリーケージの使用なども想定しており、現状追認的な内容となっている感が否めません。そこで貴社のアニマルウェルフェアについて、具体的にどのような取り組みを行なっているのか（取引先の農場における動物の取扱いや飼育環境に関する工夫）を教えていただければ幸いです。

3. PETAの告発では、淘汰対象となった鶏の乱暴な扱い等が農場において常態化していることが発覚しました。このように、アニマルウェルフェアの原則とされる「適切な動物の扱い」は、監視の目がないかぎり、労力を節約したいなどの都合によって軽視されてしまうのが一般的です。アニマルウェルフェアの遵守を確かなものとするための取り組み（監視カメラの設置、オンブズマン制度の導入など）は行なっているでしょうか。あるいはこれから行なう予定があるでしょうか。

4. 上記株主総会では、「日本固有の環境」により、ケージフリー卵の安定的な調達は難しく、現地点ではケージフリー宣言をできないとのご回答をいただきました。現在の商品生産量を想定した場合、全ての卵製品をケージフリー卵で製造するのは困難であるということかと思われます。一方、貴社は卵不使用マヨネーズやHOBOTAMA（ほぼたま）などの良質な卵代替品を開発しています。エシカルな商品づくりへ向かう一つの段階として、ケージフリー卵でまかなえない分の卵製品を可及的すみやかに廃し、その生産に使われていたリソースを卵不使用の代替品生産に向ける構想は考えられるでしょうか。

5. 上の質問に関連することとして、畜産物の生産にはアニマルウェルフェアの向上だけでは解決できない問題があります。鶏卵の生産であれば、雄雛の全羽殺処分や、廃鶏・淘汰鶏の殺処分などがそれにあたります。ケージフリー卵や放牧卵であっても、これらの問題は解消されません。その観点からすると、卵不使用の代替品はエシカル面でいかなる卵製品にも勝ると考えられます。また、現在国内ではビーガン人口が増加しており、動物不使用の食品を求める消費者の需要は年々高まっています。こうしたことを考え合わせた時、貴社が漸次的に卵製品をはじめとする動物性食品の生産を縮小し、動物不使用の代替品生産へと舵を切るとしたら、大きな意義があると思われます。中長期的な計画として、そのような方針転換を検討したいという意向はあるでしょうか。ない場合、良質な卵代替品を生産する技術と予算がありながら、あえて複数の倫理的問題をはらむ鶏卵を使い続けたいと思われる理由を伺わせていただければと存じます。

キユーピーからは会社名義で以下の回答が届いた。

拝啓　この度頂きました採卵鶏のアニマルウェルフェアに関するご質問に関しまして、以下の通り、当社グループとしての鶏卵調達の考え方、取り組みについて回答申し上げます。

当社グループは、採卵鶏のアニマルウェルフェアを持続可能な鶏卵の生産や調達における重要課題と認識しており、採卵鶏の飼養において、アニマルウェルフェアの基本原則である「5つの自由」に賛同し、その原則に沿った採卵鶏の飼養が重要であると考えます。

『アニマルウェルフェアの考え方に対応した採卵鶏の飼養管理指針』の一般原則に記される「最も重視されるべきは、施設の構造や設備の状況ではなく、日々の家畜の観察や記録、家畜の丁寧な取扱い、良質な飼料や水の給与等の適正な飼養管理により、家畜が健康であることであり、そのことを関係者が十分認識して、その推進を図っていく」ことが大切であると考えます。

日本国内で当社グループが使用する鶏卵は、農林水産省が普及に努める『アニマルウェルフェアの考え方に対応した採卵鶏の飼養管理指針』に即して飼養されたものを調達しています。もしも弊社の調達指針に準じない飼養がされている実態を把握した場合は、取引先と協議の上、改善を要望させていただきます。

なお、ご質問にございましたミヤポー様という養鶏場からの鶏卵の調達ですが、過去にはございましたが、2020年1月末をもって調達を終了しております。

当社グループの鶏卵の調達に関する考え方と取り組みを、当社ホームページにも記載していますのでご覧いただければと思います。

（https://www.kewpie.com/sustainability/procurement/promotion/）

また、当社ではプラントベースフードなど〝サステナブルな食〟に展開するブランド「GREEN KEWPIE」を立ち上げ、第一弾として国内向けにプラントベースのドレッシングを3月に発売しました。「平飼い卵マヨネーズ」をはじめ、ますます多様化する様々なニーズに対して食の選択肢を提供しています。

アニマルウェルフェアについては、当社グループとしての考えをもって、着実にその取り組みを進めています。

以上、回答申し上げるとともにご理解頂ければと存じます。


ミヤポーとの関係について事実確認ができたこと、アニマルウェルフェアと植物性食品の開発について若干の情報が得られたことはとりあえずの成果といえるだろうか。

この後、東氏はさらにKFCホールディングスの株主総会に参加し、同じく農場での劣悪な動物管理状況を指摘したうえで、⑴覆面調査の必要性があるのではないか、⑵アニマルウェルフェアの方針は規定・公開されているのかを質問した。併せて、動物と環境に配慮する観点からビーガンチキンを導入してほしいとの要望も添えた。

商品本部の担当者による回答では、まず⑴について、コロナ禍以降に農場の訪問（立入検査）を再開しているとの旨が説明された。⑵については、フランチャイザー企業による指導の下で検討を重ねている旨、指導監査を強化していきたい旨、科学的・客観的な根拠にもとづき行政の指導を受けながら検討していきたい旨の回答があった。最後に、ビーガンチキンについてはすでに開発が完了しており、販売時期は状況を見ながら判断したいとのことだった。

ビーガンチキンの導入が検討されていることは、ひとまずの前進、あるいはその兆候として評価できるかもしれない。他方、⑴の回答については、覆面調査と立入検査が混同されてしまった感がある。調査員の素性を隠して内部状況を確かめる覆面調査と、単なる農場訪問とでは、現場の実態把握に大きな違いが生じる。⑵の回答は、これを具体性のある説明とみるか、曖昧なところの多い説明とみるかは読者の判断にゆだねたい。

動物たちの現実

ここでもう一度、食品産業に組み込まれた動物たちがどのような世界に生きているかを振り返ってみよう。

本書で私たちは、今日の畜産業が人々の視界と意識から隔てられた工場式の施設で営まれていることを学んだ。実際、現代ほど大量の動物が人間に消費されていながら、現代ほどその飼養実態が知られていない社会も歴史上存在したことがなかった。童話やメディアに描かれる畜産は広々とした牧場や責任ある農家の表象に彩られているが、そのような幻想は捨て去らなければならない。現在主流の工場式畜産場では資本主義の論理により、膨大な動物たちが極小の空間に囲い込まれ、最小限の資源・労働力・機械によって管理されている。最大の利潤を生むという目標に照らせば、集約化と省力化、それに自動化を推し進めることは最も合理的な選択に違いなかった。動物飼養は生のあらゆる側面を科学的介入によって制御する生政治の形態をとる。動物たちは自然から懸け離れた「生産的」な身体となることを求められ、その型枠から逸脱すればためらいなく死へ棄て去られる。とりわけ畜産業で重視されるのは動物たちの生殖能力であり、産む性はあらゆる自由を剥奪されたうえで徹底的に使い倒される。父権制の思想と技術は動物たちの自律を封じる支配原理として、長い動物利用の伝統を支え続けてきた。

動物飼養のシステムはそれ自体が搾取的・虐待的であるのに加え、人間スタッフが担う個々の作業を虐待に等しいものとする。第一に、かぎられた時間内に数名の人員が数百から数万の動物を扱おうとすれば、手技はおのずと粗くなる。苦痛への配慮は業務に無関係である以上、余裕のない状況で顧みられるはずがない。第二に、身体への侵襲や殺害を「福祉的」に行なうことはそもそも不可能である。そして第三に、そのような暴力的業務への忌避感から、職員はしばしば作業を簡略化する。殺処分のそれは典型であり、結果、殺される予定の動物たちは即死を免れる代わりに長く苦しむこととなる。

このような状況は一部の劣悪な事業者にのみ当てはまるものではなく、大手食品企業と取引をする平均からそれ以上の農場、さらには動物福祉の認証を与えられた優良農場にも当てはまる。すなわち、私たちが購入する畜産物の背景には、少なくともほぼ例外なく、虐待に苦しみ悲鳴を上げていた動物たちがいる。

重要なのは、私たちがこれからどこへ向かうのか、である。食品企業各社の考えは前節で示した通りであるが、消費者の私たちは、みずからが畜産業の問題を知ったうえで、今後、何を選択し、どのように行動するかを考えなければならない。

筆者は動物たちが生きる現実を書き記し、各人がこの問題に向き合ってほしい、といった曖昧な文言で本書を締めくくるつもりはない。どのような倫理問題に関していわれるのであれ、「まずは知ることから／考えることから／向き合うことから」などの提言ならぬ提言は、何も変えてこなかったからである。倫理は私たちに変化を求める。それは今まで通りでいたいと考える多数派の人々にとって気が重いことである。ゆえに一部の決断力ある人々をのぞき、私たちは自分に関わる何かしらの問題を知ったとき（知ってしまったとき）も、ただ「考えていきたい」とのみ言うにとどまってきた。もちろん考えることは重要であるが、そこには行動がともなっていなくてはならない。むしろある問題を知り、普段の生活でそれを意識した何らかの取り組みを続けてこそ、私たちは真にその問題と向き合い、それについて考えていくことができる。思考は行動を始めるきっかけであり、行動は思考を続ける支えである。どちらを欠くわけにもいかない。動物たちが置かれた状況を知った以上、私たちはそれに対し、行動で答えることを迫られる。ではいかなる応答が私たちに求められているのか。

動物不在の思考

食用とされる動物たちの現実を前に、何の問題もないと思えるほど心が硬化した人は多くないと信じたい。が、動物たちは今のように扱われるべきではないと考える人々でも、どのような人間動物関係を理想とするかは意見が分かれる。本書では生産と消費の場が分かたれ、動物搾取の仕事が遠い地の他者に外部委託されている問題を扱った。食の倫理や資本主義社会の問題に関心を寄せる層の中には、この構造を脱するべく、みずからの手で動物を殺し食べるという行動へ向かう人々がいる。スーパーマーケットへ行くのをやめて狩猟を始める、自家で鳥や他の動物を飼って屠殺を行なうなどがその実践となる。

多くの本やドキュメンタリーがこうした営みを美々しく描き、左派やリベラルまでがこれらを讃えるが、暴力の外部委託を問題視する人々がみずから暴力を振るうことに美徳と快楽を見出すほどおぞましい光景もない。狩猟や自家屠殺を行なう人々は、そもそもそれを暴力と認めず、むしろ動物と心を通わせる対等な駆け引き、あるいは「愛し、そして食べる」という深い哲学にもとづく営みと考えているふしがある。これらの実践者はメディアに登場する畜産農家同様、動物を「家族」のような存在だと言い、動物を尊重しているとさえ豪語する。しかし問題は、それがことごとく人間側の認識を語っているのみで、動物にとって当の行ないがどうなのかという視点を欠いていることである。殺す側の人間が一方的に相手を家族とみなし、一方的に駆け引きをしているつもりになり、一方的に尊重し、一方的に哲学することは、それをされる側にとって何の関係もない。相手を人間に置き換えてみれば分かるように、愛や尊重は自分ではなく相手にとってどうなのかを問うべき事柄である。自分のほうが相手を愛し尊重しているつもりでも、相手にとってそれが余計な介入や暴力でしかないことは往々にしてある。そして動物たちの側に立てば、つまるところ狩猟とは自分の領域に土足で立ち入ってきた者に意味もなく殺されることでしかなく、自家屠殺は信頼していた人間に笑顔で裏切られることでしかない。それを「愛」や「尊重」や「駆け引き」といった次元で語る者は、やはり動物を見ているようで見ていないのである。それは人間の物語であってそれ以上ではない。男は女を愛し守るといいながら平気で暴力を振るう。猟師は動物を愛し敬うといいながら平気で銃を放つ。加害者の世界には徹頭徹尾、「自分」しかいない。

工場式畜産に対する問題意識のもと、みずから動物を殺すのではなく、良質な農場から畜産物を購入しようと考える人々もいる。動物福祉の認証を受けた農場であってもその実態が一般の農場とさほど違わないという点については、イセ食品の事例で確認した通りであるが、日本にもごくわずかに放牧を行なっている農家があり、そこに暮らす動物たちは健康的で幸せな生活を満喫しているように見える。一般のスーパーマーケットではまず目にしないそうした施設の畜産物を、特殊な専門店に買い求めることはできる。動物たちに配慮しつつ肉食を続ける道として、この選択肢に魅力を感じる人々がいるのは無理もない。動物擁護に取り組む一部の団体や活動家ですら、優良な畜産物の購入を消費者に促している。

工場式畜産に比べて放牧などの飼養形態が動物たちの心身にとって好ましいことは疑えない。

が、それはあくまで相対的な評価である。工場式畜産があまりに劣悪であればこそ、放牧は動物にやさしいものと映るのであって、その比較を抜きにすれば後者もまた極度の暴力を内包する事業にほかならない。すでに触れた通り、いかに優れた畜産場であろうと、動物たちは人間の思惑にしたがって成長・生殖・出産・泌乳することを求められ、生産者の都合で親子関係や仲間関係を壊され、若いうちに殺される。動物たちを思いやる人々が、工場式畜産に反対しつつ、このような暴力の肯定へ向かってしまうとしたら、遺憾なことである。意識的であれ無意識的であれ、人間である私たちは動物に対する暴力に階層を設け、「良い暴力」と「悪い暴力」を仕分ける——動物たちを狭い檻で育てた末に殺すのは「悪い暴力」、しかし広い牧場で一時の自由を味わわせた末に殺すのは「良い暴力」、というように。動物福祉に配慮した畜産物を買おうとする人々は、その生産が動物たちにとってどうかと考える点で、かれらに寄り添おうと努めてはいるのだろうが、畜産物の消費を大前提とするかぎり、くだんの寄り添いは上滑りにならざるを得ない。現実を生きる動物たちはここでもやはり不在である。

何が正義かをめぐり、確信をもっていえることは多くないが、「殺すな」という原則はその一つだろう。ところが動物に対してはこの最低限の道徳原則ともいうべき「殺すな」ですら容易に棄却されてしまう。動物を殺し食べることは、人間である私たちにとって問うまでもない習慣だからである。それは私たちの人間アイデンティティを形成する反復的なパフォーマンスでもある。私たちは動物を殺し、食べることで人間となる。人間は動物から峻別されなければならない存在であり、そのアイデンティティは他者であるべき動物を支配することで保持される。肉食は究極の動物支配にほかならず、ゆえにそれを続けること、反復することが、人間を人間でいさせる条件なのである。パフォーマンスとしての肉食が演じられるとき、動物は完全に人間から分かたれ、不在の他者となる。

工場式畜産への反省は、このようにして築かれ保たれてきた支配者としての人間アイデンティティを問い直す思考へと結び付かなければならない。拘束飼育、身体改造、膨大な殺処分など、工場式畜産を特徴づける手法の数々は私たちを慄然とさせるが、それだけをなくせばよいというものではない。工場式畜産はむしろ、動物たちを絶えず人間の欲望充足に資する手段へと貶める認識が行き着くべくして行き着いた果てであり、私たち自身の内に根を下ろした支配者的なものの見方と繋がっている。かの収容所群島は、この文化産物としての「人間」を増長するに任せておけば、ついにはこれほどのものをつくってしまうということを端的に表す象徴にほかならない。そして事実、私たちは工場式畜産というあまりにおぞましい企てを前にするまで、動物搾取の道義的問題に気付くことすらできなかった。否、工場式畜産を前にしても、多くの者はなお、食品安全の危機や環境負荷の増大といった、人間に関係する次元でしかその問題を捉えてこなかった。歴史を紐解けば遥か以前から、動物たちに対する暴力を暴力と捉え、肉食に異を唱える人々が存在したが、その声はものの数ではなかった。人類はあまりに動物たちの境遇に無頓着だった。私たちはこの事実を真剣に顧みる必要がある。

人間解放の正義運動は、表面化した個別の蛮行のみを糾弾するのではなく、蛮行の背景にある構造を覆そうと努めてきた。レイプやフェミサイド（女性殺害）の事件が起きたとき、被害者のために声を上げる人々は犯人の処罰を求めるにとどまらず、この社会に根強く残る性差別や性暴力の文化を変えようとしてきた。それは個々の被害者の経験を軽んじることではない。むしろ逆に、個々の被害者に寄り添い、ともに闘う努力は、目に見える暴力の発生に先立ち日常的にその人々を抑圧してきた社会構造の批判にまで至らなければ、問題の根を断ち切れないということである。同じく、黒人男性ジョージ・フロイドが白人警官に殺されたとき、全米に広がったブラック・ライブズ・マター運動に参加した人々は、犯人の警官を問題視するだけでなく、長い黒人差別の歴史に反旗を翻した。一部の識者は事件を振り返り、ジョージ・フロイドは警官に命を断たれる以前から生涯にわたり白人社会の中で殺されてきた、そしてこの社会には現在も無数のジョージ・フロイドがいるのだと語った。それはブラック・ライブズ・マター運動に加わった白人の連帯者たちも忘れてはならない事実だった。表面化した明白な暴力だけでなく、それを生む社会の文化的・精神的基盤を払拭することこそが、抑圧下に生きる人々との共闘に求められる志向性だった。

このような社会正義の伝統を振り返るならば、苦しむ動物たちに寄り添う努力は、誰の目にも露骨な虐待と映る工場式畜産のみに批判を向けるだけであってはならず、さらに進んで、工場式畜産を誕生させた動物支配の精神的・文化的伝統そのものにまで切り込む必要がある。この伝統を残したままでは、よしんば工場式畜産の部分的改善を達成できたとしても、私たちはより巧妙な動物搾取の手法を新たに案出するだろう。事実、動物にヘッドセットを装着して放牧風景を見せ、ストレス軽減と生産増を図るバーチャルリアリティ技術や、情報機器と人工知能を駆使して動物を遠隔管理する放牧システムなど、ポスト工場式畜産の時代へ向けたディストピア的な新手法の開発はすでに始まっている。そして消費者は、このような手法によって見かけ上の暴力性が許容できるレベルに抑えられたあかつきには、動物利用に対し再び沈黙するだろう。先述したように、支配者たる人間は、動物たちに対し何が許され何が許されないかを自己裁量で決めることができるからである。この動物不在の思考を脱するには、私たちが支配者としての特権的立場を放棄するよりない。端的に言えば、それは肉食特権の放棄を意味する。肉食行為によって培われる支配者的な人間アイデンティティを捨て去ったときに初めて、私たちは人間としての自己の思惑を越え、現実の動物たちに寄り添ったものの見方を育てることができる。そのときに初めて、私たちはみずからの思想と実践を通し、動物搾取の存続に真の意味で反対することができる。

脱搾取

動物を食材、つまり人間の欲望を満たす資源とみなしているかぎり、私たちはどれほどかれらのことを真剣に考えているつもりでも、どこかで動物たちの苦しみを軽んじている。どこかでかれらに対しては人に対して許されないことをしてもよいと思っている。どこかでかれらを「その程度」の存在とみなしている。畜産物を口に運ぶとき、私たちは生きた経験を持つ動物たちの存在を心から消し去っている――たとえ「命をいただく」ことに「感謝」しても、である。むしろ殺された命に感謝を捧げるといった仕草は、その命が現実から切り離され、抽象的な観念に希釈されていることを物語る証左でしかない。肉食という規範化された搾取の恩恵を享受する者は、みずからの内に根づくこのような動物存在の軽視に気づかないが、その無自覚も含む認識全体が支配者の視点を構成している。

あらゆる形態の動物消費を生活から一掃する脱搾取《ビーガニズム》の実践は、このような支配者の視点を脱する鍵となる。それは動物を殺し食べる者、すなわち動物を支配する者としての人間アイデンティティを覆す。人間は人間であることをやめられないが、人間の意味を書き換え、他なる存在に対し加害的・抑圧的でない者としてあろうと絶えず努めることはできる。寄り添いはそのような不断の努力のうえに成り立ちうるものであり、みずからの力がおよぶかぎり搾取の恩恵を拒むことはその大前提となる。搾取、抑圧、力の不均衡は、社会システムの深部にまで喰い込んでいるので、私たちはその全てと無縁でいることはできない。動物に関していえば、畜産業の副産物は食品にかぎらず、接着剤や塗料、果ては医薬品にまで使われている。現在の社会でこのような動物搾取の産物と一切関わらないで生活することはもちろん叶わない。が、動物性食品を避けることは、少なくとも大半の人々にとって可能な実践に違いない。動物性の衣服、動物成分を含む日用品、動物を利用する娯楽を避けることも難しくない。脱搾取とはこのように、個人として可能なかぎり、最大限に動物搾取からの脱却を果たすことをいう。動物たちに寄り添う努力は、第一にこの脱搾取の実践へと向かわなければならない。

脱搾取の提案に対しては周知の通り、多数の定型的な疑問や反論が寄せられる。いわく、植物を消費するのはよいのか、肉食は自然の摂理ではないのか、生きるか死ぬかの瀬戸際でも動物を殺すべきではないのか、などなど。これらの疑問や反論に答えた資料はすでにいくらでも存在するので、その回答を律儀にここで繰り返すつもりはない。[*1] 代わりに、これらの問いを発する人々に言えることがあるとすれば、この一言に尽きる――その問いは動物たちの惨憺たる現実を踏まえたうえで、なお問うに値する誠実な問いなのか。苦しみを知らない者は苦しむ者の現実経験から目を背け、机上の空論をもてあそぶことで倫理的応答を先延ばしにする。植物、食物連鎖、無人島、あるいはライオン、伝統文化、畜産農家の未来など、戯《たわむ》れに思いついた論点を俎上《そじょう》に載せているかぎり、私たちは動物たちの現実に向き合わないで済む。これこそ動物不在の思考であり、支配者の座に安住する者の態度である。工場式畜産の実態を前に、植物はどうなのかという問いはあまりに軽い。

脱搾取に対する定型的な疑問のうち、多少の真剣味をともなっているものがあるとすれば、一つは健康上の懸念だろう。全ての畜産物を取り除いた食生活で健康を保つことはできるのか。これについてはアメリカやイギリスの栄養士会が、適切に計画された菜食は全てのライフステージの人々に推奨できる、との回答を示している。[*2]「適切に計画」しなければならないという点をことさら難しいことのように捉える人々もいるが、不適切な食生活であれば体を壊すのは肉食であろうと菜食であろうと変わらない。同じようなものばかりを食べる、糖質制限やカロリー制限に精を出すなど、あえて体を壊す要因をつくるのでもなければ、菜食ゆえに健康を持ち崩すことは考えにくい。脱搾取《ビーガン》派のほとんどは栄養学の専門家ではないが、食事内容に細心の注意を払わずとも健康的に暮らしている。かたや大量の畜産物を含む一般的な食生活が肥満や糖尿病、動脈硬化、心臓病、アルツハイマー病、癌など、数々の健康被害を生んでいることも忘れてはならない。[*3]

脱搾取の生活は裕福な特権者にしかできない、との指摘もある。確かに植物性食品の中には高価なものもあり、菜食料理店では割高な価格設定に驚かされることもある。しかし畜産物を購入できるだけの経済力を持つ人々が、その金で畜産物の代わりに野菜や果物や豆腐を買うことがそれほどまでに難しいだろうか。ハムサンドの代わりにフランスパンや乾燥フルーツやミックスナッツを軽食とすることがそれほどまでに財布を圧迫するだろうか。今日ではさほど値の張らない植物性の加工食品も増え、一般のカフェやレストランでも他のメニューと同じ価格帯の菜食メニューを選べるようになった。少なくとも平均的な生活水準の人々にとって、脱搾取の実践がとりわけ困難を極めるということはありえない。そしてもし現代の日本において貧しさゆえに脱搾取を実践できない人々がいるというのなら、私たちは脱搾取の提唱者を黙らせるのではなく、貧しい人々の選択肢を増やすために社会を変えていくべきだろう。

最後に、最も典型的な反応の一つとして、脱搾取を万人に求めるのは全体主義的な押し付けだという批判がある。同じことの言い換えで、畜産物を食べるのは個人の自由だ、という主張もしばしば唱えられる。脱搾取を呼びかける提言にはそもそも何の強制力もともなっていないという点はさておき、この反応は動物搾取が正義の問題と捉えられていないことの証と考えるほかない。殺人、窃盗、暴力、等々の禁止を万人に求めることは押し付けとはいわない。個人の自由が尊重されるのは他者に危害がおよばない範囲にかぎられる。法律はこの原則通りに形づくられてはいないため、私たちは市場に並ぶ人権侵害の産物を日々合法的に消費する生活を送っているが、正義の観点からみればそれは許されない行ないに違いなく、だからこそ社会正義運動に携わる人々はそのような状況を改めようと、種々の啓発や法改正に取り組んできた。正義は本来、普遍化されるべきものである。脱搾取の呼びかけが同じように受け止められないのは、畜産物の消費がこの社会で加害行為と認識されていないからである。しかし私たちはいまや食用とされる動物たちの苦しみを知った。畜産物の消費はその苦しみを存続させる深刻な加害行為である。したがってそれに反対することは正義の要請であって全体主義ではない。

脱搾取の実践は、搾取から脱却して思考を終わらせることとは違う。むしろ逆に、私たちは脱搾取の継続を通してこそ、現実の動物たちについて考え続けることができる。脱搾取派は何をするにつけても、何を見るにつけても、それが動物たちにどのような影響をおよぼすかを考える。これはいついかなるときでも動物のことだけを考えているという意味ではなく、思考の中に常に動物の存在が介在しているという意味である。語弊があることを承知で似た例を示せば、伴侶や子どもを大切に思う人々は、どのような場面でも伴侶や子どもの存在を念頭に行動を選択するだろう。子どもに食品アレルギーがあれば、まともな親は買い物の際にも外食の際にもアレルギー成分に気を配る。そのような人々は常に子どものことだけを考えているのではないが、常に子どものことを忘れない。脱搾取派の思考はこれに近い。動物は脱搾取派にとって思考の全てでも中心でもなく、思考の前提である。この世界には私だけでなく人間や人間以外の他者が存在するという、本来当然の事実を思考の出発点とし、その他者に害をおよぼさない行動を模索することが脱搾取の核心をなす。搾取との関わりを断ちがたい状況に置かれても、脱搾取派はなお動物たちの苦しみに加担するまいと最善を尽くし、まだ見つかっていない最適解の選択肢を見つけようとする。この生き方自体が支配者としてのアイデンティティを書き換えていくプロセスにほかならない。そしてこの一過性の試みではなく一つの生き方へと昇華された利他の思考と行動を通して、動物たちへの寄り添いは内実を備える。その意味で、脱搾取は動物たちに対する最低限の倫理的応答であり、同時に他のあらゆる実践を支える倫理的基盤でもある。

動物産業の解体

食用の動物搾取は産業化によって今日の形態へと至った。苛烈な集約飼育と動物管理の背景には、生産性と効率性をひたすらに追求してきた資本の論理がある。資本主義社会の動物たちは商品の地位に置かれ、売るための生産システムに組み込まれた。利潤が全ての世界にあっては、生産コストの削減が至上命令である以上、商品価値に関係しない生命への配慮が捨て去られるのは必然といえる。動物福祉は商品に付加価値を与える目的以外では業界にとって意味をなさない。

脱搾取は個人でできる動物搾取産業への対抗実践となる。脱搾取派に対する疑問の一つとして、殺された動物は食べてあげなくてはかわいそうではないか、という問いがある。つまり、動物たちは人間に食べられるべく命を断たれるのであるから、その死体をむざむざ捨てるのはかれらの死を無駄にする行為ではないか、という論理である。死に意味を持たせ、「かれらの死は無駄ではなかった」と事後的に考えたがる心理は広く根づいている。したがって動物が殺され人間の胃袋に収められるかぎりは死に意味があるので問題ないが、死体を捨てれば動物は無駄死にしたことになるのでかわいそうだと考える人々は少なくない。しかし脱搾取派の観点からみると、この考え方は間違っている。殺される者にとって死の意味は何の関係もない、という点は言わずもがなとして、より重要なのは、畜産物の消費が動物搾取の存続を後押しすることである。私たちが畜産物を買えば、それは動物搾取の需要を生む行為、つまり暴力の買い支えとなる。畜産業界はこの買い支えを糧に生きながらえ、さらなる搾取を行なう。いかに巨大な産業であろうと、商品の需要がないことには存続しない。ここには生産者と消費者の共犯関係がある。脱搾取派は畜産物の消費を避けることでこの共犯関係のサイクルを断ち切る。それはただ自分が食べたくないから畜産物を避けるといった個人的なこだわりではなく、搾取の需要を減らして動物産業の切り崩しを狙う政治的な戦略である。

動物搾取に支えられた資本主義に対抗するには、動物擁護を支持する一人ひとりが脱搾取をみずから実践することに加え、団結した行動によって社会全体の脱搾取化を図る必要がある。知人との会話や街頭、オンライン等で行なわれる脱搾取の啓蒙はこの点で重要な意味を持つ。消費者として企業に要望を送り届けることも有効だろう。ただし、どのような形で社会変革を進めるのであれ、その努力は動物搾取の部分的改善を促すだけに終わらず、動物搾取の廃絶をめざす必要がある。世界的にも日本国内においても、動物擁護の運動は従来、動物福祉の促進キャンペーンを主とするものだった。個人でも団体でも、畜産企業に要望することは妊娠ストールやバタリーケージの撤廃、あるいは痛みをともなう処置での麻酔使用、「人道的」な屠殺方法の導入と決まっていた。また、消費者の啓蒙においても、多くの活動家は工場式畜産でつくられた商品の不買を呼びかけるにとどまっていた。この傾向は活動の主催者が脱搾取派であっても変わらない。

かれらが真摯に動物たちの苦しみを減らしたいと願っていることは疑えないが、動物福祉の活動は動物搾取が存続すること、なくせないことを暗に前提し、問題の根幹を手つかずのままに温存している点でもどかしい試みといわざるを得ない。たとえ活動家が動物福祉改革の積み重ねによって産業への締め付けを強化し、最終的に動物搾取の廃絶を達成するというシナリオを思い描いているのだとしても、部分的改善は部分的改善であり、いくら積み重ねたところで、動物を商品経済に取り込むことそれ自体の道徳問題には迫れない。むしろその取り組みは、企業に対しても消費者に対しても、「許される動物搾取」があるというメッセージを伝えずにはおかない。企業にバタリーケージの撤廃を求め、消費者にバタリーケージ産の卵を買わないよう呼びかけるとき、活動家は意図するとしないとによらず、バタリーケージ以外の生産方法でつくられた卵ならば倫理的に推奨できると言っていることになる。

これは人権運動と動物擁護運動の決定的な違いの一つである。人権運動では特定の差別や特定の暴力に抗議しても、他の人権侵害が許されるというメッセージを伝えない。今日の世界にはすでに、全ての人権侵害は許されないという規範が常識として根付いているからである。何が人権侵害かをめぐる認識には人によって大きな違いがみられるにせよ、そもそも人権侵害が許されないことだという認識はほぼ万人に共有されている。他方、動物搾取はいまだ社会的に許されない行ないとみなされていない。ペットの虐待は非難の対象であるが、食用とされる動物の拘束や屠殺は人間として当然の営みと考えられている。「動物搾取」という端的な事実の記述ですら、消費者の罪悪感を刺激する言葉として憎まれているほどである。したがって動物擁護に関するメッセージの受け取られ方は、人権擁護のそれとは全く異なる。ロシアのウクライナ侵攻に反対する声は、全ての戦争に反対する常識的思想の延長と理解される。対して、妊娠ストールやバタリーケージに反対する声は、それ以外の全ては問題ないという常識的思想の延長と理解されてしまう。

産業的な動物搾取に反対する運動は、動物福祉の推進という偽の解決策へ向かうことなく、社会規模での脱搾取実践を促さなければならない。消費者に向けた活動では、工場式畜産の実態を知らせることも必要に違いないが、それに代わる道を正しく伝えることはさらに重要である。そしてその道はより良い畜産物の選択ではなく、畜産物消費からの完全な脱却、すなわち脱搾取でなければならない。PETAアジアのジェイソン・ベイカー氏は、筆者のインタビューにおいて、日本の消費者へ向けたメッセージを残してくれた。

私たちは人間の観点からのみ物事を見つめ、他の生命の観点を顧みないという態度を見直さなくてはなりません。快苦を知る存在はみな敬いと思いやりをもって扱われるに値するということを、私たちはあまりにも長くのあいだ認識できずにいました。種差別、つまり人間至上の世界観をしりぞけ、快苦を知る存在の全てに対して一貫した誠実な行動をとる必要があるでしょう。……私たちの日々の選択は、虐《しいた》げか思いやりかの二択へと帰着します。PETA代表イングリッド・ニューカークは言いました。「素晴らしいのは、思いやり深くあることは信じられないほど簡単なのだという事実です[*4]」。

他方、企業に対する活動も伝統的な形態を脱する必要がある。個人であれ団体であれ、企業に要求を伝えるとしたら、妊娠ストールやバタリーケージの撤廃を求めるのではなく、ビーガン事業への移行を求めるべきだろう。私たちが食べたいのは動物の苦しみを軽減してつくられた食品ではなく、動物利用なしでつくられた食品なのだということを、消費行動と抗議行動で粘り強く訴えていかなければならない。ただし、ビーガン事業への移行を求めることは、単にビーガン商品の開発や導入を希望することとは違う。それは従来の畜産物市場を残したままでビーガン市場を新たに設けることを企業に促すにすぎない。それだけであれば、食品会社は喜んでビーガン市場の開拓に励むだろう。現に本書で光を当てた諸企業もビーガン商品の開発・導入には積極的な姿勢をみせている。重要なのはそのような市場の拡大ではなく、従来の市場、つまり搾取の上に成り立つそれの抹消である。畜産物市場とビーガン市場は、消費者が無批判でいるかぎり何の問題もなく並存しうる。それでは動物たちが商品の地位から解放されることはない。私たちは目新しいビーガン商品の登場を受けて企業に感謝をささげる思考を捨て、あくまで搾取からの脱却を食品業界に求め続ける必要がある。ビーガン事業への進出とビーガン事業への移行は別物であり、私たちが求めるのは後者でなければならない。

無論、畜産物市場が廃れ、食品業界が動物搾取から脱却したとしても、資本主義体制が続くかぎりは農場や食品加工場での労働者搾取など、さまざまな倫理問題は残るだろう。したがってそれらの解決を動物解放と同時並行で進めるべきことは論をまたない。一方、本書の議論を通してみたように、動物搾取と人間搾取は深い思想的・政治的つながりを持つため、その双方に係る戦線も存在する。最後に考えなければならないのはその一つ、父権制との闘いである。

父権制の打倒

本書で見てきた通り、今日の動物搾取には父権制の影響が色濃く表れている。性と生殖の支配がいかに苛烈な形態となって表れるかはすでに確認したが、その根底には何よりも、雌動物の存在そのものに対するとてつもない軽視がある。身動きのできない檻、身体の改変、強制的な母子隔離など、彼女らに関係する技術・手法・環境はことごとく、人間のまなざしを反映している。彼女らはいわば、それでよい存在、その程度の扱いにふさわしい存在とみなされている。他方、雌動物の搾取は動物産業を支える基盤としての側面も併せ持つ。それは商品（肉・乳・卵）をつくらせる直接的な生産過程であると同時に、次世代の被搾取階級（動物たち）をつくらせる再生産過程でもある。資本は生産と再生産の双方に支えられるものであり、ゆえに父権的な性支配を存続の条件とする。

動物たちの現状を改めたいと願う者は、動物搾取の根底を流れるこの父権的思想を見据え、その解体に取り組む必要がある。すなわち、動物擁護の運動は動物擁護の枠組みを超え、性差別・性搾取・性暴力の総体に挑むことを使命としなければならない。これは従来の運動で極めておろそかにされがちな課題だった。脱搾取派も含め、動物擁護に取り組む人々の中には、人権問題を軽んじ、動物の苦しみだけを重視する活動家が少なからずいた。人間は声を上げられるが動物は声を上げられない、動物はあらゆる被抑圧者の中で最も虐げられている存在である、などの、適切とはいいがたい認識がこうした傾向の背景にある。また、生命に対する人間の所業があまりに浅ましく、それに対する世間の無関心もあまりに情けないことから、極度の人間ぎらいに陥ってしまった人々もいる。かくして動物擁護は長いあいだ、人間以外の動物たちのみに関心を向ける単一争点の運動として続けられてきた。

しかしながら、このような態度を脱しないかぎり、動物擁護の運動は動物たちをも解放することができないだろう。差別や暴力に対する社会の認識が育たないままでは、動物搾取の問題を訴えてもその深刻さは伝わる人にしか伝わらないからである。一例を挙げると、動物擁護を訴える人々はしばしば雌動物の扱いを「レイプ」に譬《たと》える。確かに、雌動物たちの意思を無視して人為的に精子を植え付け、望まない妊娠を強いる行為は性搾取の一種に違いないので、それを「レイプ」と称するのは妥当に思えるかもしれない。女性の活動家でも動物搾取の実態を言い表すために「レイプ」という言葉を積極的に用いることはある。が、レイプと人工授精の根本的な違い――前者は性欲と支配欲の充足を求めて行なわれる暴力であって、後者とは目的も意味も被害者への影響も異なる――を差し置くとしても、この表現は父権制社会においてほとんど効果を持たない。動物擁護に取り組む人々は人心を揺さぶるために「レイプ」という言葉を用いるが、今日の社会ではそもそもレイプ被害が軽んじられている。それどころか、巷《ちまた》では買春という名の性搾取が横行し、映像の性暴力であるポルノが量産され、貧困者の女性を餌食にする代理出産の制度化が推進され、あげく性暴力被害者への二次加害が蔓延している始末である。人間女性を狙った性と生殖の支配がこれほどまでに浸透し、それが大多数の人々から何事でもないかのように見過ごされている社会にあって、動物の性搾取や生殖搾取を問題視する声は、一体どれほど人心を揺さぶるのだろうか。レイプ被害を訴える当事者に対し、夜道を一人で歩いていたのが悪い、狙われやすい服を着ていたのが悪い、などといった非難を向けるばかりで、加害者の人権侵害に憤《いきどお》ることすらない人々が、動物の「レイプ」被害を重く受け止めるなど、想像するほうが難しい。

動物擁護の支持者、脱搾取の実践者に女性が多く、男性が異様に少ないことも、性暴力や性搾取に対する認識の違いを考えれば説明がつく。多くの女性にとって性被害は自身から切り離せない切実な問題であるが、多くの男性にとってそれは他人事もしくは興味の対象でしかない。みずから性加害を犯す者は論外として、それ以外の男性も大抵は無自覚に性被害当事者の苦しみを軽んじている。被害者非難のような二次加害におよぶ者は圧倒的に男性が多い。買春やポルノを愉しむ者はほぼ男性であり、彼らやその取り巻きはそれらの消費行為を制度的搾取への加担などとは毫《ごう》も考えない。女性の性に狙いを定めた抑圧が、男性コミュニティにおいてかくも軽んじられていることを思えば、性と生殖を翻弄される動物たちの苦しみが男性らに理解されないのも不思議ではない。苦しむ者への憐憫や共感を見下す「有害な男らしさ」の文化も、つまるところこのような抑圧被害の軽視から派生するものであり、男性らを動物擁護の行動から遠ざける要因となっている。

動物擁護の運動が社会変革を成し遂げるには、脱搾取の実践と普及に努めるとともに、フェミニズムとの連携を通し、この強固な父権制の伝統を切り崩す努力が求められるだろう。ポルノや性売買や代理出産をなくすことが、それだけで動物搾取を終わらせるわけではない。が、これらの行ないの背景には、女性的な身体や出産する身体への甚だしい軽視があり、それが他方で制度的な動物搾取の根幹である性と生殖の統制支配を許し促してきた。人間女性に対する性暴力や性搾取が公然と認められた社会において、他の動物に対するそれが深刻な倫理問題と認知される見込みはない。男性中心文化は人間男性以外の膨大な「他者」に対する支配の基盤であり、その解体は動物解放と人間解放、双方の必要条件である。さらに、父権制社会では種々の女性搾取が男性の欲望充足とともに富の蓄積を達成する手段とされ、家と国家と資本を支える隠された土台となっている。したがってその総体を払拭する取り組みは搾取的経済体制への闘いでもある。

非合法の強制的な性暴力や性搾取ならばいざしれず、金銭の授受をともなう女性身体の利用は、同意にもとづく一種の「サービス業」とみなされ、女性の自己決定を尊重する立場から擁護されることがある。特に性売買に関しては、これを労働の一種である「セックスワーク」とみて肯定的に再評価する考え方が、女衒《ぜげん》や買春客のみならず、リベラルやフェミニストのあいだでも支持を得つつある。しかしながら、その世界に身を置いてきた当事者女性たちの経験に向き合えば、こうした主張がいかに現実を無視した空論であるかはすぐに分かる。[*5] 父権制の打倒をめざす者は、加害者を利するばかりの歪んだ言説から距離を置き、現実経験にもとづいて女性存在のモノ化と商品化に抗する当事者運動に連帯することが求められる。性と生殖を一方的に消費する行為はその本質からして抑圧的であり、金銭の授受があろうとその事実に変わりはない。むしろ金銭の授受は消費者を絶対的な優位に立たせるため、性的同意に必要とされる対等性を損なう。これは性売買にかぎらず、代理出産その他にも当てはまる。[*6] 性と生殖の商品化を禁じれば、他の職業選択肢がない当事者を路頭に迷わせるとの議論もあるが、それならば必要なのは女性たちの選択肢を増やし、福祉や支援の制度を改善することであって、買春客や悪徳業者を応援することではない。女性たちのためにこそ性と生殖の商品化を認めるべきだという主張は、まさに父権的資本主義社会ならではの考え方だといえる。多くのリベラルやフェミニストすら内面化しているこの有害思想を排することは、父権制との闘いにおける大きな課題とされなければならない。

動物擁護の目標を抱く活動家は、女性たちの当事者運動に連帯するとき、連帯と流用を履き違えないよう注意する必要がある。動物搾取を終わらせるには父権制の総体に挑むことが欠かせないが、動物搾取を終わらせるためだけに女性運動と連帯する態度は間違っている。父権制のもとで抑圧される人々は誰のためでもなく彼女たち自身のために権利を守られるべきなのであって、その権利獲得の取り組みが他の目的のために流用されることがあってはならない。

むしろ私たちは視野を広げ、人間にも人間以外にもおよぶ父権制の抑圧原理、女性存在の軽視、制度に守られた性と生殖の搾取を問題とすべきだろう。さらに、それらの文化は私たちの中に根を下ろす性差別的な思想・観点・価値観によって維持されているため、その反省と自己批判も欠かすわけにはいかない。動物擁護が動物擁護の枠にとどまっていてはならないゆえんである。この社会で抑圧されてきたさまざまな当事者の声を聴き、その経験と現実に寄り添い、ともに闘うことが私たちに求められている。動物の問題を後回しにせよということではない。この闘いは人間抑圧と動物抑圧を地続きの問題とみて行なう複数争点の解放運動である。一方の解放を他方の手段とするのではなく、双方の解放を私たちの目標と位置づけなくてはならない。一つの解放を成し遂げるには全ての解放を同時的に押し進める必要がある。この世界に根づいた父権制の体系を、ひいてはあらゆる抑圧の体系を、連帯運動によって粘り強く解体していく取り組みこそが、遠回りなようでありながら、周縁化された存在たちの同時解放へと通じる唯一の道であるに違いない。

脚注

＊1 脱搾取や動物倫理の関連書は大抵これらの典型的疑問に答えている。中でも代表的なものとしてシェリー・F・コーブ著／井上太一訳『菜食への疑問に答える13章――生き方が変わる、生き方を変える』（新評論、2017年）を紹介しておきたい。また、拙著『今日からはじめるビーガン生活』（亜紀書房、2023年）でもオーソドックスな疑問群とその回答をまとめた。

＊2 Vesanto Melina, Winston Craig, and Susan Levin (2016) "Position of the Academy of Nutrition and Dietetics: Vegetarian Diets," *Journal of the Academy of Nutrition and Dietetics* 116(12):1970-1980 ならびに British Dietetic Association (2017) "British Dietetic Association confirms well-planned vegan diets can support healthy living in people of all ages," https://www.bda.uk.com/resource/british-dietetic-association-confirms-well-planned-vegan-diets-can-support-healthy-living-in-people-of-all-ages.html を参照（2023年2月6日アクセス）。

＊3 菜食の栄養学についてはパメラ・ファーガソン著／井上太一訳『ビーガン食の栄養ガイド』（緑風出版、2023年）を参照。

＊4 2023年3月10日のインタビューより。

＊5　多数の当事者が声を上げているにもかかわらず、その訴えが聞かれない現状にあって、非当事者の男性である筆者が「代弁」を務めることは全く適切と思われない。したがってここではセックスワーク擁護論に対する当事者からの反論資料を列挙するにとどめておきたい。オンラインで読めるものとしては、ラブピースクラブの一部コラムが秀逸である（https://www.lovepiececlub.com/tag/性売買当事者女性）。また、日本と共通するところの多い韓国の性売買現場を明らかにした書籍として、ポムナル著／古橋綾訳、李美淑監修『道一つ越えたら崖っぷち――性売買という搾取と暴力から生きのびた性売買経験当事者の手記』（アジュマ、2022年）、シンパク・ジニョン著／金富子監訳、大畑正姫・萩原恵美訳『性売買のブラックホール――韓国の現場から当事者女性とともに打ち破る』（ころから、2022年）ならびに性売買経験当事者ネットワーク・ムンチ著／萩原恵美訳、金富子監修『無限発話――買われた私たちが語る性売買の現場』（梨の木舎、2023年）も参照されたい。

＊6　代理出産の問題について詳しくはジェニファー・ラールほか編／柳原良江監訳『こわれた絆――代理母は語る』（生活書院、2022年）を参照。

井上太一（いのうえ・たいち）

翻訳家・執筆家。既存の正義から取りこぼされてきた者たちの権利向上をめざし、脱人間中心主義の文献を翻訳・執筆することに携わる。著書に『動物倫理の最前線』（人文書院、2022年）、『今日からはじめるビーガン生活』（亜紀書房、2023年）、訳書にデビッド・A・ナイバート『動物・人間・暴虐史』（新評論、2016年）、ディネシュ・J・ワディウェル『現代思想からの動物論』（人文書院、2019年）、サラット・コリング『抵抗する動物たち』（青土社、2023年）などがある。

ホームページ：「ペンと非暴力」
https://vegan-translator.themedia.jp/

動物たちの収容所群島

2023年10月31日 初版発行
著　者— 井上太一
発行者— 岡林信一
発行所— あけび書房株式会社
〒167-0054 東京都杉並区松庵3-39-13-103
☎ 03. 5888. 4142　FAX 03. 5888. 4448
info@akebishobo.com　https://akebishobo.com

印刷・製本／モリモト印刷
ISBN978-4-87154-241-8　c3021